Schmutzer/Schütz · Galileo Galilei

1 Galileo Galilei (15. 2. 1564–8. 1. 1642)

Biographien
hervorragender Naturwissenschaftler,
Techniker und Mediziner Band 19

Galileo Galilei

Prof. Dr. sc. nat. Ernst Schmutzer
und Prof. em. Dr. phil. nat.
Dr. rer. nat. h.c. Wilhelm Schütz †
Friedrich-Schiller-Universität Jena

6. Auflage

Mit 8 Abbildungen

BSB B. G. Teubner Verlagsgesellschaft · 1989

Herausgegeben von
D. Goetz (Potsdam), I. Jahn (Berlin), H. Remane (Halle),
E. Wächtler (Freiberg), H. Wußing (Leipzig)
Verantwortlicher Herausgeber: H. Wußing

Abb. 1 nach Sustermans' Gemälde in den Uffizien zu Florenz
(Deutsches Museum München)

Schmutzer, Ernst:
Galileo Galilei / Ernst Schmutzer u. Wilhelm Schütz.
6. Aufl. – Leipzig : B. G. Teubner, 1989. –
136 S. : 8 Abb.
(Biographien hervorragender Naturwissenschaftler,
Techniker und Mediziner ; Bd. 19)
NE: 2. Verf.:; GT

ISBN-13: 978-3-322-00661-5 e-ISBN-13: 978-3-322-82220-8
DOI: 10.1007/978-3-322-82220-8

6. Auflage
VLN 294-375/82/89 · LSV 1108
Lektor: Dr. Hans Dietrich

Gesamtherstellung: Grafische Werke Zwickau
Bestell-Nr. 665 744 6

00690

Hinweis

Mein Mann hatte für diese Biographien-Reihe als 4. Bändchen aus seiner Feder „Galileo Galilei" in Angriff genommen. Er hatte sich 1964 anläßlich des Galilei-Jubiläums intensiver mit diesem als einem der ersten Experimental-Physiker beschäftigt und in Jena im Rahmen der DDR-Feier einen Vortrag mit einigen Experimenten Galileis in historischer Form gehalten. Außerdem hatte er im gleichen Jahr als Einleitung der Tagung der Physikalischen Gesellschaft in der DDR über Galilei vorgetragen [B 7].
Meines Mannes Anliegen für das Büchlein war es, in erster Linie den Experimental-Physiker Galilei darzustellen und mit diesem den Leser zu den Anfängen der heutigen Experimentalphysik zurückzuführen. Durch ausgewählte Zitate aus den „Discorsi" sollte die Denk- und Schlußweise Galileis, seine geniale Handhabung der wenigen damals zur Verfügung stehenden Meßgeräte und der schwerfälligen Mathematik seiner Zeit dem heutigen Leser nahegebracht werden. Er hatte das Manuskript zu einem teilweisen Abschluß gebracht, als er in dem Vorwort vom Februar 1971, das in wesentlichen Teilen auch im jetzigen Vorwort enthalten ist, schrieb:

> Die im Schrifttum aufgeführten Bücher und Artikel haben im Laufe vieler Jahre dazu beigetragen, mein Galilei-Bild zu formen. Von den mir zuteil gewordenen Anregungen konnte ich hier allerdings nur Teile verwerten, ein Mangel, auf den ich unter Hinweis auf das Schrifttum ausdrücklich aufmerksam mache, um weitere Studien anzuregen.

Die Sorge, aus der Fülle des Stoffes eine geeignete Auswahl zu treffen und diese in ansprechender Form darzustellen, veranlaßte meinen Mann, sein Manuskript völlig umzuarbeiten. Es blieb in fragmentarischem Zustand zurück, als ihm Krankheit und Tod die Feder aus der Hand nahmen.
Wir danken Herrn Prof. Schmutzer dafür, daß er durch Vermittlung von Prof. Steenbeck sich der Manuskriptteile angenommen hat. In dem jetzt vorliegenden Bändchen erhalten die Philosophie der damaligen Zeit, Galileis Auseinandersetzung mit den Welt-

systemen und besonders die Weiterführung seiner Arbeit bis in die heutige Zeit (Relativitätstheorie, Kosmologie) Vorrang. Auf diese Weise hat das Buch eine betont theoretische Linie bekommen, wurde also gegenüber der Vorstellung meines Mannes ein anderes Werk. Deshalb halten wir es für selbstverständlich, daß Prof. Schmutzer als Autor an erster Stelle erscheint.

Dr. Lucy Schütz

Inhalt

Die Wahrheit ist das Kind der Zeit,
nicht der Autorität.
Bertolt Brecht: „Leben des Galilei"

Vorwort zur ersten Auflage

Unter den hervorragenden Naturwissenschaftlern und Technikern der Vergangenheit ist Galileo Galilei auf Grund seiner großen Leistungen für die Physik und Astronomie einer der bedeutendsten Forscher. Durch den gegen ihn geführten Inquisitionsprozeß ist er legendär geworden. Obwohl Giordano Bruno im Jahre 1600 sogar lebendig verbrannt wurde, hat sich dennoch Galilei im Gedächtnis der Nachwelt stärker eingeprägt. Das liegt sicherlich daran, daß seine Behauptungen weitgehend durch seine Experimente abgesichert waren, so daß er ein hohes fachliches Ansehen genoß, das ihm in dem ideologischen Konflikt zwischen der zum Durchbruch drängenden Wahrheit und der auf den Dogmen der Scholastik begründeten Macht zugute kam.

So nahm sich die Legende des Galileo Galilei vielfältig an, aber es darf heute als erwiesen gelten, daß weder die Kronleuchter im Dom zu Pisa noch der schiefe Turm zu Pisa in seinem wissenschaftlichen Leben die ihnen angedichtete Rolle gespielt haben und daß in der Schlußszene vor dem Inquisitionstribunal Galileis trotziges: „Und sie bewegt sich doch!" (Eppur si muove!) nicht gefallen ist. Trotzdem haben diese Legenden noch immer eine unverwüstliche Lebenskraft. Wahr ist dagegen, daß Galilei die copernicanische Lehre gegen das kirchliche Dogma verteidigte, ihr dann abschwur, als der Märtyrertod sein Leben bedrohte, daß er dieser Lehre aber dennoch sein Leben lang anhing.

Es steht heute jedenfalls fest, daß Galileo Galilei und Johannes Kepler die Begründer einer Richtung der Naturforschung des frühen 17. Jahrhunderts sind, die in die Newtonsche Physik einmündete und mit ihr 200 Jahre lang das physikalische Denken beherrschte. Isaac Newtons Hauptwerk „Philosophiae Naturalis Principia Mathematica" (Mathematische Prinzipien der Naturphilosophie) erschien im Jahre 1687.

Von Galileis besten Beiträgen zur Bewegungslehre sagte ein so kompetenter Mathematiker und Physiker wie Joseph Louis Lagrange:

Es bedurfte eines außerordentlichen Geistes, um die Gesetze der Natur in Erscheinungen zu entwirren, die man stets vor Augen gehabt hatte, deren Erklärungen aber nichtsdestoweniger den Nachforschungen der Philosophen entgangen waren.

Die am Beispiel der Fallbewegung demonstrierte Methode zur Erlangung physikalischer Erkenntnisse mit Hilfe des Experimentes und der Mathematik und seine Hauptwerke, nämlich der „Dialogo“ und die „Discorsi“, haben Galileis Ruhm begründet, Schöpfer und Lehrer der neuzeitlichen Methode der Physik zu sein. Das Fernrohr hat Galilei mit sensationellen Erfolgen als Beobachtungsinstrument in die Astronomie eingeführt. Die Technik hat er durch theoretische Gedanken zur Festigkeitslehre wegweisend gefördert. Schließlich beherrschte er seine Muttersprache so meisterhaft, daß manche seiner Publikationen auch in der italienischen Nationalliteratur einen hohen Rang einnehmen.

Das reiche wissenschaftliche Lebenswerk und der problematische Charakter Galileis haben im Zusammenhang mit dem Inquisitionsprozeß zu einer fast unüberschaubaren Galilei-Literatur mit oft geradezu gegensätzlichen Einschätzungen geführt.

Eine Rechtfertigung für das vorliegende Bändchen können wir nur dadurch geben, daß wir versuchen, Galileis Beitrag zur Wissenschaft vom heutigen Standpunkt aus einzuschätzen und ihn über Newton hinaus bis zu Albert Einstein und zu den Erkenntnissen unserer Tage zu verfolgen. Galileis Konflikt mit den festgeschriebenen Dogmen seiner Zeit widerspiegelt im Grunde genommen nichts anderes als die gerade in unserem Jahrhundert unumgänglich gewordene Wahrnehmung der Verantwortung des Wissenschaftlers für die von ihm produzierte Wissenschaft.

Galilei richtete das Fernrohr gegen Mond und Gestirne. Er leitete damit die wissenschaftliche Erforschung des Kosmos zu einer Zeit ein, als viele Menschen noch um ihr Seelenheil fürchteten, wenn sie sich an dem „Mißbrauch“ des Fernrohrs für solche Zwecke beteiligen würden. Heute erleben wir, daß ferngesteuerte Mondfahrzeuge oder Menschen mit solchen diesen Himmelskörper befahren und ihre Erkenntnisse per Funk zur Erde senden. Welchen Optimismus strahlt diese Wandlung aus, zu welchen Leistungen ist der Mensch fähig, wenn er in Frieden forschen kann!

Prof. Wilhelm Schütz, der sich nach seiner Emeritierung mit historischen Studien zur Physik beschäftigte und in dieser Biographien-Reihe die folgenden Werke hinterließ:
„Michael Faraday" (1968),
„Robert Mayer" (1969),
„Michail W. Lomonossow" (1970),
starb am 17. 4. 1972 während seiner Arbeit an dem „Galileo Galilei".

Es ist vor allem seiner Gattin, Frau Dr. Lucy Schütz, geb. Mensing, zu verdanken, daß sie alle Literaturauszüge, Entwürfe zu einzelnen Abschnitten usw. sorgfältig gesammelt hat. Da mich Prof. Schütz während seiner Arbeit an diesem Gegenstand gelegentlich über Galileis Arbeiten zum Relativitätsprinzip und dessen Zusammenhang mit der Einsteinschen Relativitätstheorie konsultiert hat, trug Frau Dr. Schütz an mich die Bitte heran, das begonnene Manuskript weiterzuführen und zu vollenden. Diese Bitte wiederholte auch der jetzige Direktor der Sektion Physik der Friedrich-Schiller-Universität, Prof. Dr. G. Albrecht, sehr eindringlich, um auf diese Weise dem langjährigen Direktor des Physikalischen Instituts noch einmal postum für seine Aufbauarbeit zu danken. So entschloß ich mich, an dem Vorhaben weiterzuarbeiten.

Das dem Leser hiermit übergebene Bändchen ist deshalb als Gemeinschaftsarbeit zu betrachten, wobei ich leider keine Möglichkeit eines Meinungsaustausches mit meinem verstorbenen Partner hatte. Deshalb trage ich primär die Verantwortung für die Gesamtanlage und die verfolgte Linie des Buches. Ich glaube, nicht zu weit von der Geisteshaltung von Prof. Schütz abzuweichen.

Jena, Januar 1974 — Ernst Schmutzer

Vorwort zur vierten Auflage

Es hat mich sehr gefreut, daß seit dem Erscheinen dieses Büchleins im Jahre 1975 bereits drei Auflagen angeboten werden konnten, die – von Druckfehlerberichtigungen abgesehen – im wesentlichen unverändert geblieben waren. In der vierten Auflage habe ich den Text über die aristotelische Philosophie überarbeitet, einige textliche Änderungen an anderen Stellen vorgenommen und gelegentlich den Inhalt aktualisiert. Den Herren Prof. Dr. Fritz Bopp (München) und Prof. Dr. G. Uschmann (Jena) bin ich für wertvolle Anregungen zu großem Dank verpflichtet.

Jena, Januar 1980 Ernst Schmutzer

Anmerkung:

Die verwendeten Zitate sind aus der angegebenen Literatur entnommen, auf die durch eckige Klammern bei den entsprechenden Zitaten hingewiesen wird. Auf die Quellenangabe von Kurzzitaten wurde, um den Text nicht zu kompliziert zu machen, verzichtet.
Da der deutsche Text von aus dem Italienischen und Lateinischen angefertigten Übersetzungen gelegentlich recht antiquiert ist, so daß er sich manchmal schwierig liest, haben wir uns erlaubt, die Orthographie und Interpunktion sowie einzelne Worte in ihrer Übersetzung der heutigen Sprache anzupassen, natürlich ohne den Sinn des Textes dabei zu verändern.

Versuche zur Überwindung der Scholastik durch Cusanus, Copernicus, Bruno und andere

Der bedeutende griechische Philosoph Aristoteles war Schüler Platons, Erzieher Alexanders des Großen und Gründer der peripatetischen Schule. Ihm werden die Anfänge der wissenschaftlichen Logik als Methodologie des richtigen Denkens zugeschrieben. Gegenüber der Ideenlehre Platons und dessen philosophischem Idealismus setzte er dadurch neue Akzente, daß er die real existierenden Dinge unserer Welt zum Gegenstand seiner Betrachtungen machte. Er wird als ein hervorragender Beobachter mit umfangreicher Naturkenntnis beschrieben. Nach seiner später als „Metaphysik“ (Schrift nach der Physik) berühmt gewordenen Lehre sind in jedem Ding der Welt folgende vier Ursachen enthalten: 1. stoffliche Ursache (Stoff), 2. formale Ursache (Form), 3. hervorbringende Ursache (heute etwa Kraft), 4. Endursache (innerer Zweck, Entelechie). Nach Aristoteles ist der reine ungestaltete Stoff die Möglichkeit (potentia), die als Folge der wirkenden Kraft, also insbesondere auch der Tätigkeit, durch Annahme der Form mit dem Ziel eines bestimmten Endzweckes (Gegenstand der Teleologie) zur Wirklichkeit wird. An dem einen Ende dieser Kette steht also der reine Stoff, an dem anderen Ende die reine Form. Als Analogie zu dieser Überlegung dient Aristoteles die Entstehung des Formenreichtums des organischen Lebens aus dem ungestalteten anorganischen Stoff. Oft wird auch zur Exemplifizierung der Lehre des Aristoteles auf den Bau eines Hauses verwiesen: Aus dem Baumaterial (Stoff) entsteht durch die Tätigkeit (Kraft) das Objekt (Form) nach einem bestimmten Plan zu einem bestimmten Zweck (Endzweck).

Das Wesen der Bewegung sieht Aristoteles im Übergang vom Stoff zur Form. Die Bewegung ist nach ihm ohne Anfang und Ende, ihre letzte Ursache ist Geist gleich Gott als das ewig nur sich selbst denkende Denken. Von ihm geht die Ursache der Bewegung des Seienden aus. Das Weltgeschehen bekommt damit nach Aristoteles eine teleologische Basis, im Gegensatz zu der Lehre des bedeutenden griechischen Atomisten Demokrit.

Auf physikalischem Gebiet hat Aristoteles der Nachwelt sein bedeutendes Werk „Questiones mechanicae" (Fragen der Mechanik) hinterlassen. Seine darin dargestellte Naturlehre geht von der Einteilung aller Stoffe in vier Elemente aus: Wasser, Feuer, Luft und Erde. Diese vier Elemente können wir als die Vorgänger der heutigen chemischen Elemente ansehen. Im Hinblick auf die physikalische Bewegung der Körper, denen er für den Idealfall Kreisbahnen als die nach seiner Lehre vollkommensten Bahnen zuschreibt, unterscheidet er absolut schwere Körper (Erde) mit dem Trieb zum Erdmittelpunkt und absolut leichte Körper (Feuer) mit dem Trieb zur Weltsphäre. Für die übrigen Körper resultiert die Bewegung aus ihrer proportionalen Zusammensetzung. Insbesondere sind Wasser und Luft als „media" in der Mitte einzuordnen.

Das Fallgesetz für den freien Fall eines Körpers auf der Erde lautet nach Aristoteles: „Im luftleeren Raum fallen alle Körper unendlich schnell."

Im Unterschied zur aristotelischen Physik, die schon in der Antike durch quantitativ formulierte Naturerkenntnisse Erschütterungen unterlag, war die aristotelische Philosophie als geschlossenes Lehrgebäude für die damalige Zeit sicherlich eine herausragende Geistesleistung, die sich durch großen philosophischen Ideenreichtum und eine beachtliche dynamische Auffassungsweise auszeichnete. Der Beleg dafür resultiert schon aus der Tatsache, daß sie fast zwei Jahrtausende überdauerte und lange das europäische Denken beherrschte. Ihre dogmatische Erstarrung erfuhr sie nach und nach seit dem 9. Jahrhundert in Form der insbesondere von Italien ausgehenden Scholastik, deren Erkenntnisinhalt ein für allemal unverrückbar gemäß den kanonischen Schriften festgelegt worden war. Im Unterschied dazu war das Denken in Frankreich und England nicht diesem dogmatischen Erstarrungsprozeß unterworfen. In Paris und Oxford widmeten sich die Gelehrten, obgleich auch als Scholastiker bezeichnet, oft echten wissenschaftlichen Aufgabenstellungen – lange schon vor Galilei auch dem freien Fall.

Ihren Höhepunkt erreichte die Scholastik durch Thomas von Aquino, der den Aristotelismus inklusive seiner ethisch-politischen Komponente zur philosophischen Grundlage des römisch-katholischen Christentums ausgebaut hat. Diese Form der Scholastik wird deshalb als Thomismus bezeichnet.

Ohne die positiven Aspekte der Leistungen der Scholastiker, insbesondere für die Logik, unterschätzen zu wollen, müssen wir aber doch insgesamt feststellen, daß durch die scholastische Haltung die Kreativität des menschlichen Geistes und dessen wissenschaftsoffene Produktivität, kurzum der Erkenntnisfortschritt der Menschheit, über Jahrhunderte gelähmt werden mußten. Die Autonomie der Vernunft, welche das Schöpfertum der antiken Philosophie besonders auszeichnete, war eliminiert. Der Widerspruch zwischen der offiziell zugelassenen Weltanschauung und der insbesondere im 14. Jahrhundert in Italien aufkommenden Renaissance mußte historisch zwangsläufig zu einem Konflikt zwischen dem aufstrebenden Geist und der fehlgeleiteten Macht führen. Diese ideologische Auseinandersetzung mußte sich gesetzmäßig in dem Maße verschärfen, wie durch das aufblühende Handwerk, durch die Ausweitung des geographischen Erfahrungsbereiches und durch den damit verbundenen Informationsfluß infolge des Handels die scholastische Lehrmeinung mit dem Erkenntniszuwachs immer unvereinbarer wurde.

Da die religiösen Gegenströmungen jener Zeit, die vor allem durch John Wiclif und Jan Hus eingeleitet wurden, sich mehr auf innerkirchliche und religiöse Fragen, weniger auf naturwissenschaftlich-philosophische Aspekte bezogen, soll ihre Behandlung hier unterbleiben.

Um so wichtiger erscheint es uns deshalb, auf die Schriften einiger oft nicht gebührend beachteter Gelehrter der damaligen Zeit hinzuweisen:

Der französische Schriftsteller Nicolas Oresme übersetzte Schriften des Aristoteles und kam auf diese Weise mit der aristotelischen Physik in Bekanntschaft. Im Hinblick auf die Galileische Formulierung des Bewegungsgesetzes für die gleichmäßig beschleunigte Bewegung ist anmerkenswert, daß Oresme für diese Bewegung die Geschwindigkeit über der Zeit graphisch in einem Diagramm auftrug und dabei eine Gerade fand. Dieses Resultat ist wohl kaum als eine rein mathematische Aussage abzutun. Es ist nicht unwahrscheinlich, daß Galilei von diesem Diagramm des Oresme Kenntnis hatte.

Blasius von Parma formulierte 1397 in einer Reihe von Thesen philosophische Grundsatzaussagen über Gott, die Bedeutung der real existierenden Wirklichkeit beim menschlichen Erkenntnisprozeß, die gleichförmige Bewegung in der Welt und der Welt als Ganzes, die Änderung der Bewegung als Folge wirkender Ursachen usw. Gerade mit dem letzten Gedanken stößt er schon weitgehend bis zum Trägheitsgesetz vor [C 1].

Eine besonders herausragende Bedeutung besaß auch Nicolaus von Cusa (Cusanus), benannt nach seinem Geburtsort Kues an der Mosel.
Obwohl Bischof von Brixen, tendiert er in seinen Büchern, von denen insbesondere die „Docta ignorantia" (Gelehrte Unwissenheit) zu nennen ist, zu einem Übergang vom rein theologischen zum philosophischen Denken. Er kommt, natürlich oft in der begrifflichen Undeutlichkeit damaliger Aussagen, zu der Annahme einer zeitlichen und räumlichen Unendlichkeit des Universums, in dem die Sterne als Himmelskörper existieren, und leugnet damit, daß die Fixsterne an die Himmelskugel angeheftete Lichtpunkte sind. Er spricht den Gedanken der Drehung der Erde um ihre Achse aus, gilt als Beobachter von Sonnenflecken und als Initiator einer Kalenderverbesserung. Sein Denken trägt typisch dialektische Züge. Gott ist bei ihm die „Coincidentia oppositorum" (Koinzidenz der Gegensätze) im Kleinsten und im Größten.
Cusanus ist als geistiger Wegbereiter der naturwissenschaftlichen Erkenntnisse der folgenden Jahrhunderte anzusehen. Es ist anzunehmen, daß direkt oder indirekt Nicolaus Copernicus, Giordano Bruno und Galilei von der Wirkung seiner Ideen beeinflußt wurden. Cusanus antizipierte als Denkmoglichkeit in mancherlei Hinsicht philosophisch das Newtonsche Weltbild, indem er bezweifelte, daß die Welt einen Mittelpunkt habe, so daß auch die Erde nicht in deren Mittelpunkt sein könne. Mit seiner Frage, was denn außerhalb der Himmelssphäre sein solle, machte er aus der These von deren Existenz ein absurdes Problem.
Die sich aufdrängende Frage, warum trotz all dieser für den Galilei-Prozeß so relevanten Gedanken des aufkommenden Copernicanismus Cusanus unbehelligt blieb und als Kardinal sterben konnte, ist vermutlich so zu beantworten, daß die Tragweite seiner oft undeutlichen Äußerungen in Rom, falls diese überhaupt bei

der entscheidenden Instanz gut genug durchschaut wurden, nicht richtig eingeschätzt worden ist, so daß Cusanus in den Genuß der Vorteile einer bis dahin ungefährlichen Minderheit kam.

Wir müssen hier auf die Behandlung der Frage, inwieweit Nicolaus Copernicus Kenntnis von der Gedankenwelt des Cusanus besaß, verzichten, wollen uns aber dennoch vergegenwärtigen, daß Copernicus ein vielgereister Student war, der seine Studien in Krakau begann, sie später in Wien und Bologna weiterführte und um 1500 in Rom sogar Vorträge hielt. Auf seiner Wanderschaft durch diese hervorragenden wissenschaftlichen Zentren der damaligen Zeit hat er sicherlich viel Neues und Anregendes in sich aufnehmen können. Wenn er auch den antiken Schriftsteller Aristarchos von Samos nicht zitiert, der bereits um 250 v. u. Z. lehrte, daß die Erde eine Kugel ist, die sich nicht im Zentrum der Welt befindet, sondern sich mit den übrigen an die durchsichtigen Sphären befestigten Himmelskörpern (Gegenerde, Mond, Sonne, fünf Planeten, Fixsterne) in Abständen harmonischer Töne um das Zentralfeuer bewegt, so ist doch anzunehmen, daß er auch von dieser pythagoreischen Astronomie erfahren hatte.
Objektiver Tatbestand ist, daß sich das copernicanische Weltbild unter Einbeziehung von Elementen der Astronomie der Pythagoreer eng an die progressiven Ideen des Cusanus anschließt, indem es das ptolemäische Weltsystem mit der Erde als Mittelpunkt der Welt endgültig überwindet und dafür die Sonne zum Zentrum erklärt, um das sich die Planeten bewegen sollen. Zwar gibt es bei Copernicus, der sein wissenschaftliches Bekenntnis in seinem Hauptwerk „De revolutionibus orbium coelestium" (Über die Umläufe der Himmelskreise) niedergelegt hat, noch eine Reihe von Unstimmigkeiten, insbesondere seine Annahme von Kreisbahnen für die Planeten, aber insgesamt war seine Konzeption, durch bessere quantitative Belege aus dem Bereich der reinen Spekulation herausgehoben, ein wissenschaftlicher Durchbruch zu einer neuen Qualität der Erkenntnis über den Kosmos.
Der ursprüngliche, von Copernicus beabsichtigte Titel „De revolutionibus" dieses Werkes wurde mit einer bestimmten Absicht von dem Herausgeber Osiander abgeändert.
Es ist beachtenswert, daß Copernicus in diesem Werk den Gedanken der Relativität unter Berufung auf Vergils Vers: „Wir

2 Titelkupfer des „Dialogo" (1632): Aristoteles, Ptolemäus und Copernicus (mit den Gesichtszügen Galileis) im Gespräch

laufen aus dem Hafen aus, und Länder und Städte weichen zurück" ausspricht, um damit den Standpunkt der Relativbewegung, von der Erde aus oder von der Sonne aus, darzulegen. Er benutzte diese Argumentation für die Begründung seines heliozentrischen Standpunktes.

Schließlich ist bei Copernicus noch die Auseinandersetzung mit dem Argument, daß auf unserer Erde ein ständiger Sturm sein muß, falls sich die Erde bewegt, bemerkenswert. Mit der Antwort, daß sich die Luft mit der Erde mitbewegt und daß deshalb die in der Luft vor sich gehenden Erscheinungen nicht zum Nachweis der Erdbewegung brauchbar sind, wendet er bei diesem Beispiel in der Argumentation das Trägheitsgesetz an, ohne dieses Gesetz selber als solches zu kennen.

Es war Johannes Kepler vorbehalten, die noch vorhandenen Mängel des copernicanischen Systems zu beseitigen. In seinen berühmten drei Gesetzen (1609 und 1618) konstatierte er u. a., daß sich die Planeten statt auf Kreisen auf Ellipsen bewegen, in deren einem Brennpunkt sich die Sonne befindet, die er als Quelle seiner „gravitas" ansieht. Damit war er gedanklich schon sehr nahe an den erst von Isaac Newton quantitativ formulierten Begriff der Gravitationskraft herangekommen. Für Copernicus und auch noch für Galilei existierte die Vorstellung einer vom Zentrum ausgehenden „Quelle der Bewegung" nicht.
Da das Erscheinen des Hauptwerkes von Copernicus mit seinem Tod (1543) zusammenfällt, hat es zwischen ihm selbst und der Kirche keinen eigentlichen Konflikt gegeben, zumal nach seinen eigenen Worten sein Werk „nicht nur neun Jahre, sondern bereits in das vierte Jahrzehnt hinein verborgen gelegen hatte".

Die höchstwahrscheinlich von Osiander in Vorahnung der heraufbeschworenen Auseinandersetzung mit der Kirche verfaßte anonyme Vorrede stellte den Inhalt dieses Werkes, das Copernicus dem Papst Paul III. gewidmet hatte, als mathematische Hypothese dar. Es wird darin bestritten, daß der Astronom überhaupt die Aufgabe habe, die wirkliche Bewegung zu erforschen. Das wissenschaftliche Grundprinzip der Übereinstimmung von Theorie und Praxis wird seinem eigentlichen Sinn nach nicht verstanden: „Es ist nämlich nicht erforderlich, daß diese Hypothesen wahr, ja nicht einmal, daß sie wahrscheinlich sind, sondern es reicht schon allein hin, wenn sie eine mit den Beobachtungen übereinstimmende Rechnung liefern." Damit wurde das wirkliche Anliegen von Copernicus, der seine Lehre als wahre Erkenntnis betrachtete, wider seinen Willen entstellt, aber die Verbreitung des Buches war für 73 Jahre gesichert, bis das Dekret der Indexkongregation am 5. März 1616 alle Schriften verbot, die dem copernicanischen System Wahrheitsgehalt beimaßen, darunter eine bedeutsame Schrift des neapolitanischen Karmeliterpaters Paul Anton Foscarini. Das Werk „De revolutionibus" des Copernicus wurde bis zur „Verbesserung" seines Inhalts suspendiert. Nur zur hypothetischen Behandlung der Planetenbewegung, in erster Linie zwecks Beherrschung des Kalenders, durfte im Sinne einer mathematischen Fiktion das copernicanische Modell weiter benutzt werden.

Als Annahme (ex suppositione) die copernicanische Lehre zu betreiben, hat später Papst Urban VIII. Galilei sogar ermuntert. Vom Index verschwanden die Bücher, welche den Stillstand der Sonne zur Grundlage hatten – außer Galileis „Dialogo“, Keplers „Epitome astronomiae copernicanae“ und Foscarinis Schrift – im Jahre 1757. Diese Werke strich die Indexkongregation erst 1835 aus der Liste der verbotenen Bücher.

Bei einer Beurteilung dieses gesamten Sachverhalts darf man nicht außer acht lassen, daß es erst 1837/1838 Bessel gelungen ist, die Parallaxe der Fixsterne nachzuweisen, die von der Erdbewegung um die Sonne herrührt. Auf diese Bestätigung der Veränderung des Bildes des Sternenhimmels während eines Jahres hatte man bis dahin vergeblich gewartet.

Außerdem ist erst 1851 von Foucault augenscheinlich gezeigt worden, daß sich die Schwingungsebene eines Pendels infolge der Erdrotation dreht.

Die letzten Zweifel über die doppelte Erdbewegung waren durch diese beiden empirischen Fakten also erst Mitte des vorigen Jahrhunderts endgültig beseitigt.

Uns erscheint es heute oft so, als habe es sich bei all diesen Dingen doch um evidente Erkenntnisse oder gar Trivialitäten gehandelt. Man beachte aber, daß fast die gesamte damalige Gelehrtenwelt den ptolemäischen Standpunkt von der feststehenden Erde und der umlaufenden Sonne, so wie es uns durch unsere tägliche Erfahrung eingeprägt ist, einnahm. Es wäre sicherlich zu billig, diese im allgemeinen durchaus ernsten Wissenschaftler einfach für dumm erklären zu wollen. Selbst so große Geister wie Copernicus, Galilei und Kepler glaubten, auch wenn sich gelegentlich auf die Unendlichkeit der Welt hinweisende Formulierungen finden, im Unterschied zu Bruno, eigentlich doch daran, daß die Welt mit der achten, oft als kristallen angesehenen Sphäre, die die Fixsterne trägt, abschließt. Eine wahre Absurdität im heutigen Weltbild!

Von seiten der Astronomen ist Tycho Brahe in gewisser Hinsicht eine Ausnahme, denn er konnte 1577 die Bahn eines Kometen bestimmen, der seinen Weg durch die Sphäre der Venus nahm, also mit dieser festen Kugelschale hätte zusammenstoßen müssen.

Weiter greifen wir noch die tragische Gestalt des Giordano Bruno heraus.

Im Dominikanerkloster in Neapel, wo er sich mit Theologie und Philosophie beschäftigte, wurde er bald durch sein offenes und lebhaftes Wesen, das von der Suche nach Wahrheit beseelt war, untragbar, da die Atmosphäre des Klosters auf Gehorsam und Demut eingestellt war. Um der Inquisition in Neapel zu entgehen, floh er nach Rom. Weitere Stationen seines ihm aufgezwungenen unruhigen Wanderlebens waren Genua, Venedig, Genf und schließlich Frankreich, England und Deutschland. Von Mocenigo, der von Bruno die Magie lernen wollte und ihn deshalb nach Venedig eingeladen hatte, wurde er schließlich der venezianischen Inquisition ausgeliefert. Trotz anfänglichen Sträubens übergab die Republik Venedig Bruno an Rom, wo er etwa sieben Jahre lang eingekerkert war und dann am 17. Februar 1600 auf dem Blumenmarkt wegen Abfalls und Ketzerei lebendig verbrannt wurde.

Das an diesem standhaften Kämpfer für die Freiheit des Gedankens begangene Verbrechen hat offensichtlich seine Zeitgenossen und die darauffolgende Nachwelt so eingeschüchtert und erschüttert, daß selbst die Nennung seines Namens in einer langen Zeitspanne zu einem Politikum geworden ist. Bei Galilei, der zur Zeit der Verbrennung von Bruno 36 Jahre alt war, findet man nirgends einen Bezug auf Bruno, während dem bis dahin noch nicht verfemten Copernicus von Galilei großer Respekt gezollt wird.

Giordano Bruno war ein Verkünder der auf epikureischem, stoischem und neuplatonischem Gedankengut aufbauenden pantheistischen Weltanschauung. Er spricht, an Cusanus anknüpfend, von der Unendlichkeit des Universums und leugnet die Existenz eines Mittelpunktes. Das Universum sieht er als das einzig Seiende und ewig Existierende an, während das einzelne Geschehen stetem Wechsel unterliegt. Die elementaren Bestandteile der Welt (Minima oder Monaden) sind nach Bruno beseelt, in ihnen wirkt derselbe Geist. Der Grad dieser Wirkung hängt von der Stufe der Organisation ab. Die Vernunft des höchsten Organismus, nämlich des Kosmos, ist bei ihm Gott. Gottesdienst bedeutet Erforschung der Gesetze des Universums und Leben im Einklang mit diesen Gesetzen. Erkenntnisgewinnung ist eine sittliche Tat, da durch sie die Fähigkeit, unser Leben vernünftiger zu gestalten, erhöht wird.

Es leuchtet ein, daß dieser Pantheismus der mittelalterlichen Scho-

lastik zuwider sein mußte, reicht doch seine Lehre von der Unendlichkeit der Welt, über Galilei und Kepler hinausgehend, bereits an das Newtonsche Weltbild heran!
Bruno war aber auch in naturwissenschaftlicher Hinsicht aktiv. Er widerlegte wie Copernicus das Argument, daß die Rotation der Erde zu einem ständigen Sturm in entgegengesetzter Richtung führen müsse. Galilei benutzte in seinem „Dialogo" diese Argumentation, ohne Bruno zu erwähnen.
Außerdem lehrte Bruno, daß die Fixsterne Himmelskörper von derselben Art wie Sonne und Planeten im unendlichen Raum seien. Er geht auch damit über Copernicus hinaus, der die Fixsterne als nicht physikalische, sondern geometrische Gegebenheiten konzipiert hatte. Diese Lehre, die bereits bei Cusanus anklingt, ist deshalb philosophisch besonders wichtig, weil durch sie die prinzipielle Barriere zwischen irdischer und kosmischer Materie beseitigt, also das Prinzip der physikalischen Identität der materiellen Welt vertreten wird. Galilei lieferte kurze Zeit später durch seine astronomischen Entdeckungen die empirische Bestätigung.
Es ließe sich noch manches Lob über diesen tiefgründigen Philosophen anfügen, der ein solches Martyrium erleiden mußte!

Der Pantheismus jener Zeit erfuhr wohl seine herausragendste philosophische Ausprägung durch den in Holland wirkenden Benedictus Spinoza, der sich durch Glasschleifen seinen Lebensunterhalt schuf, um unabhängig von Obrigkeiten Philosophie treiben zu können. Sein Einfluß wirkte sehr stark auf die nachfolgenden Jahrhunderte. Insbesondere ist Einsteins philosophische Position deutlich vom modernen Spinozismus geprägt.
Spinoza, dessen philosophisches Wirken weitgehend von moralisch-politischen Gesichtspunkten bestimmt ist, leitete mit seinem „Tractatus theologico-politicus" (1670) die wissenschaftliche Bibelkritik ein. Er plädierte für eine von einem rationalen Standpunkt bestimmte Analyse der Bibeltexte. Ohne hier auf seine ethisch-gesellschaftlich orientierten Schriften näher eingehen zu können, wollen wir jedoch seine ontologische und erkenntnistheoretische Position etwas näher umreißen.
Der Pantheismus Spinozas tritt vor allem in seiner Substanzlehre und seinem Determinismus hervor. Er läßt nur die Existenz einer Substanz, die ewig existierende Gottnatur, zu: „Deus sive natura"

(Gott oder Natur). Seine Substanz ist materieller Art, unendlich in Raum und Zeit und unendlich vielfältig in ihrer Daseinsweise. Ihre Ursache liegt in ihr selbst („causa sui"). Damit scheidet ein außerweltlicher Schöpfergeist aus.

In erkenntnistheoretischer Hinsicht vertritt Spinoza die These, daß den körperlichen Veränderungen stets geistige korrespondieren (Identität von Denken und Sein). Die seelischen Vorgänge werden damit untrennbar mit den körperlichen verbunden – ein beachtlich moderner Standpunkt!

Galileis Kindheit und Jugendjahre (1564 bis 1588)

Zeit und Umwelt

Die im 14. Jahrhundert in Italien angebrochene ökonomische, politische, kulturelle und künstlerische Aktivität, die den Namen Renaissance trägt, hatte ihren Höhepunkt längst überschritten, als Galilei in der zweiten Hälfte des 16. Jahrhunderts im Herzogtum Florenz das Licht der Welt erblickte. Friedrich Engels charakterisiert in seiner Einleitung zur „Dialektik der Natur" [C 2] die progressive Umwälzung, die sich in der Renaissance vollzog, als die größte, welche die Menschheit bis dahin erlebt hatte.

Einige Streiflichter müssen hier genügen, um Zeit und Umwelt sichtbar zu machen, in welche Galilei hineingeboren wurde. Renaissance bedeutet dem Wortsinn nach Wiedererweckung des Menschen zu einem Selbstbewußtsein und einer Lebensbejahung, wie sie ihm schon einmal im griechischen und römischen Altertum, auf einer anderen Ebene freilich, zu eigen gewesen waren. Verdienstvoller Partner der Renaissance war der Humanismus. Ihm ist in erster Linie die freie Erschließung des klassischen Altertums durch begeistertes Studium alter Sprachen, Literatur, Philosophie und Kunst zu danken. Nach der Eroberung Konstantinopels durch die Türken im Jahre 1453 erfuhr der Humanismus eine starke Belebung durch griechische Gelehrte, die nach Italien auswanderten.

Die Renaissance fällt in die Epoche des aufstrebenden Bürgertums und des beginnenden Zerfalls der Feudalgesellschaft. Die Ausweitung des Handels mit dem Orient nach den Kreuzzügen in Verbindung mit der Entwicklung frühkapitalistischer, dem wachsenden Warenbedarf angemessener Wirtschafts- und Produktionsformen hatte das Bürgertum der Städte, vornehmlich Bankiers, Kaufleute und Manufakturisten, zu Reichtum und – neben weltlichen und geistlichen Fürsten – zu politischer Macht gelangen lassen. Der niedere Lehnsadel wußte sich nicht der sich ausbreitenden Waren- und Geldwirtschaft anzupassen, verarmte und verlor an politischer Bedeutung.

Mit dem Bürgertum wuchs eine neue gesellschaftliche Schicht

heran, deren Streben nach zweckentsprechenden und schönen Wohnstätten sowie Gegenständen des täglichen Bedarfs zu befriedigen war. Wie immer, wenn echte Bedürfnisse vorliegen, finden sich auch die Menschen, die diese Bedürfnisse befriedigen und ihr Brot dabei verdienen: in diesem Falle Architekten und Bauleute, Künstler und Kunsthandwerker. Das regsame Bürgertum blieb aber nicht in künstlerisch verbrämtem Wohlleben stecken, es entfaltete vielmehr ein kraftvolles Geistesleben und wurde zum eigentlichen Träger und Förderer des Humanismus. In unserem Zusammenhang ist von Belang, daß nicht nur das philosophisch-poetische Grundelement des Humanismus, sondern auch Wissenschaft und Kunst zur Blüte gebracht wurden. Ebenso wurde das von den Alten tradierte physikalische Wissen und technische Können zivilen und militärischen Bedürfnissen dienstbar gemacht. Der Bau von Straßen und Kanälen, Befestigungsanlagen und Kirchen, Handels- und Kriegsschiffen gab dazu in reichem Maße Gelegenheit.

Einer der bedeutendsten Neuerer, der bestrebt war, das technische Schaffen seiner Zeit nach dem Vorbild der Alten wissenschaftlich zu durchdringen, war Leon Battista Alberti. Er gab in einem 1451/52 abgefaßten Werk über die Baukunst eine erste Theorie des Kuppelbaus. Alberti wirkte in vielseitiger Weise seit 1428 in Florenz. Die berühmte Kuppel des Domes Santa Maria del Fiore stammt allerdings von Filippo Brunellesco. Sie wurde in den Jahren 1420 bis 1436 gebaut und ist mit einer Spannweite von 39 Metern ein frühes technisches Kunstwerk.

Florenz war durch Tuch- und Seidenhandel sowie durch Bankgeschäfte und Manufakturen reich geworden. Es war nach Venedig der mächtigste Stadtstaat Italiens und hatte andere toskanische Städte wie Pisa (1406) und Livorno (1421) sich untertan gemacht. Seine Bürger zeichneten sich im besonderen Maße durch politische Aufgeschlossenheit aus, was eine bewegte Geschichte der Stadt zur Folge hatte. Kein Zufall, daß Niccolo Machiavelli dort zu seinen staats- und geschichtsphilosophischen Werken angeregt wurde.

Als Republik erlebte Florenz im 15. Jahrhundert seine höchste Blüte. Eine bedeutende Rolle in der Stadt spielte das durch Bankgeschäfte reich gewordene Geschlecht der Mediceer. Sein gesellschaftliches Übergewicht war so groß, daß es seit 1434 die tatsächliche Herrschaft über Florenz ausübte. Im Jahre 1532 wurden die Mediceer Herzöge von Florenz und nach weiterer Ausdehnung ihres Machtbereiches über Siena (1555) durch päpstliche Gunst im Jahre 1569 Großherzöge von Toskana. Es gab in Toskana drei Universitäten: Florenz, Pisa und Siena, wovon Pisa wohl die angesehenste war. Sie war 1542 von Herzog Cosimo I. erneuert worden.

In jenen Jahren waren auch die großen geographischen Entdeckungen noch in eindrucksvoller Erinnerung. Nach der Entdeckung Amerikas durch Christoph Columbus (1492) und des Seeweges nach Ostindien durch Vasco da Gama (1497/98) hatte Fernão de Magalhães in den Jahren 1519/21 den westlichen Seeweg nach den Philippinen gefunden und damit bewiesen, daß die Erde eine Kugel ist. Die gelegentlich noch bis in die Spätantike vertretene Ansicht, die Erde sei eine Scheibe, war damit endgültig widerlegt.

Die mittelalterliche Gläubigkeit der Menschen war durch all diese Faktoren schwer erschüttert. Die Menschen waren hellhörig geworden für Zweifel an der Glaubwürdigkeit des überkommenen Weltbildes. Die Schriften des Aristoteles und der Almagest des Ptolemaios wurden Gesprächsstoff weiter Kreise. Schon im 6. Jahrhundert hatte Johannes Philopones einen kritischen Kommentar zu den physikalischen und kosmographischen Schriften des Aristoteles geschrieben. Dieser von der Kirche als ketzerisch abgelehnte Kommentar wurde erstmalig 1536 in dem relativ unabhängigen Venedig gedruckt. Er spielte in den geistigen Auseinandersetzungen im 16. und 17. Jahrhundert eine bedeutende Rolle.

In diesem Zusammenhang wollen wir auch die gegen die aristotelische Physik gerichteten Aktivitäten des italienischen Philosophen Bernardino Telesius würdigen, der für eine auf Erfahrung begründete Naturphilosophie plädierte. Diesem Standpunkt schloß sich Thomas Campanella, der eigentlich Giovan Domenico hieß, an und machte sich dadurch bei den Anhängern des Aristoteles so verhaßt, daß er aus seiner kalabrischen Heimat fliehen mußte. Weitere politische Anschuldigungen brachten ihn für 26 Jahre ins Gefängnis zu Neapel.

Während der Renaissance hatten Macht und Ansehen der römisch-katholischen Kirche aus inneren und äußeren Gründen schwere

Einbußen erlitten. Es bedurfte eines 18 Jahre währenden Konzils, um eine wirksame gegenläufige Bewegung, die Gegenreformation, in Gang zu bringen. Dieses Konzil tagte mit Unterbrechungen von 1545–1563 in Trient. Im Jahre 1564, dem Geburtsjahr Galileis, wurde das neue Glaubensbekenntnis mit Gehorsamseid gegen den Papst (Professio fidei Tridentinae) und der sogenannte Tridentinische Index verbotener Bücher (Index librorum prohibitorum) dekretiert. Unter der Richtungsweisung durch das Konzil konnten die unter Papst Paul III. (Pontifikat 1534–1549) getroffenen Maßnahmen, wie die Bestätigung des Jesuitenordens im Jahre 1540 und die Neugestaltung des Inquisitionswesens im Jahre 1542, ihre für Galilei im Alter so verhängnisvolle Bedeutung gewinnen. Der von Ignatius von Loyola begründete Jesuitenorden entwickelte sich dank seiner straffen militärischen Verfassung in wenigen Jahrzehnten zu einer erstaunlichen Macht und wurde später zur Hauptstütze des Papsttums. Ziel des Ordens war die Wiederherstellung der Alleinherrschaft der katholischen Kirche.
Die päpstliche Inquisition war ein unter Papst Innocenz III. (Pontifikat 1198–1216) gegründeter stehender Gerichtshof zur Aufspürung und Verurteilung der Ketzer. Seit 1232 waren fast ausnahmslos Angehörige des Dominikanerordens Verwalter der Inquisition. Zur Vollstreckung der Urteile wurden die Opfer der weltlichen Gerichtsbarkeit überantwortet.
Die bedeutendsten Naturwissenschaftler unter Galileis gelehrten Zeitgenossen in Europa waren:
Johannes Kepler, der durch Entdeckung der drei nach ihm benannten Gesetze das copernicanische System von den Schlacken aristotelischen Denkens befreit und dem heliozentrischen System seine endgültige Gestalt gegeben hat.
William Gilbert, der durch systematisch betriebenes Studium magnetischer und elektrischer Kraftwirkungen zwischen Körpern das Denken Galileis und Keplers nachhaltig beeinflußt hat.
William Harvey, der die Theorie des Blutkreislaufes der Säugetiere endgültig bestätigt und den oft zitierten Ausspruch hinterlassen hat, daß er zu seiner Entdeckung „nicht durch das Lesen von Büchern gekommen sei, die von anderen geschrieben worden sind, sondern auf dem Wege zahlreicher Untersuchungen, die sich auf Tatsachen stützen".
Andreas Vesalius, der Begründer der wissenschaftlichen Anatomie

und der medizinischen Chemie, war in Galileis Geburtsjahr gestorben.

Alles in allem: Die Naturwissenschaften waren auf breiter Front im Aufbruch, als Galilei als einer ihrer Pioniere die Bühne der Wissenschaftsgeschichte betrat. Er war Angehöriger des italienischen Volkes, das seit Leonardo da Vinci den Ruhm genoß, in der Mathematik, in den Naturwissenschaften und in der Technik führend zu sein.

Kindheit, Schulzeit und Studium

Quellen, die über Galileis Kindheit und Jugendjahre Auskunft geben, fließen spärlich. Es steht jedoch ziemlich sicher fest, daß er am 15. Februar des Jahres 1564, an einem Dienstag, in Pisa geboren und am Sonnabend darauf getauft worden ist. Er stammte aus adligem Florentiner Geschlecht. Sein Vater, Vincenzio di Michelangelo Galilei, war ein angesehener Musikgelehrter, der sich mit seinem „Dialog über die alte und die neue Musik", Florenz 1582, in der Musikgeschichte einen dauerhaften Namen als Theoretiker gemacht hat. Man rühmt ihm auch nach, daß er allerhand Instrumente vortrefflich spielte, insbesondere, daß er ein unübertroffener Meister des Lautenspieles gewesen sei. Er war verheiratet mit Giulia Ammannati di Pescia aus altem adligem Geschlecht. Der Ehe sind sechs oder sieben Kinder entsprossen. Am Leben blieben zwei Söhne und zwei Töchter. Galileo war das älteste Kind. Seine künstlerische, literarische und mathematische Begabung dürfte von dem Vater ererbt sein, während ihm die Mutter vermutlich ihre temperamentvolle und streitsüchtige Wesensart mitgegeben hat.

Die Ahnen der Familie führten früher den Namen Bonaiuto. Der erste, welcher sich Galilei nannte, war ein Arzt, der 1438 Medizin an der Akademie zu Florenz las. Wann und durch welches Mißgeschick die Familie verarmt ist, scheint nicht bekannt zu sein. Zu Galileo Galileis Zeiten war sie es jedenfalls, so daß der Vater mindestens zeitweise das bürgerliche Gewerbe eines Tuchhändlers ausüben mußte, um den Unterhalt seiner Familie sicherzustellen. Dennoch umgab den jungen Galileo im Elternhaus die Atmosphäre ungewöhnlich reicher klassischer, musikalischer und literari-

scher Bildung, die ihn für sein ganzes Leben formte. Da Privatlehrer zu kostspielig waren, vertraute der Vater seinen Sohn zu weiterer schulischer Ausbildung dem nahe bei Florenz gelegenen Benediktiner-Kloster Vallombrosa an. Die klassischen Autoren machten dem Jungen Freude. Er hatte aber auch Gelegenheit, Poesie und Musik, Zeichnen und praktische Mechanik zu lernen. Diese Fächer kamen seinen Neigungen so sehr entgegen, daß nur das energische Einschreiten des Vaters seinen Entschluß, Mönch zu werden, rückgängig machen konnte. Der Vater scheint als Gegenleistung den Plan aufgegeben zu haben, aus ihm einen Tuchhändler zu machen. Hätte unserem Galilei die Berufswahl freigestanden, so wäre er wohl gerne Maler geworden. Er war aber auch hervorragend musikalisch begabt und spielte vorzüglich die Laute, wie übrigens auch sein Bruder Vincenzio, der später Hof-Lautenist in München wurde.
Als Galilei knapp 18 Jahre alt war, schickte ihn sein Vater zum Studium der Medizin auf die toskanische Universität in Pisa; wohl in der Hoffnung, als Mediziner würde sein Ältester am ehesten in die Lage versetzt sein, wirtschaftlich auf eigenen Füßen zu stehen und zum Unterhalt der Familie beizutragen. Da die Familie inzwischen ihren Wohnsitz von Pisa nach Florenz verlegt hatte, ist zu vermuten, daß sein Studienaufenthalt in Pisa nur durch Stipendien und Rückhalt in der Verwandtschaft gesichert war. Weiterhin darf man annehmen, daß Galilei das Studium der Medizin und, wie es damals üblich war, der peripatetischen (aristotelischen) Philosophie fleißig und gründlich betrieben hat. Neben Aristoteles studierte er wohl auch Platon und andere antike Philosophen. Es wird gesagt, daß er gerne mit seinen Studienkollegen diskutierte. Der Meinungsstreit scheint jedoch oft ausgeartet zu sein, sonst wäre ihm wohl der wenig schmeichelhafte Spitzname „Zänker“ erspart geblieben. Im Verlaufe des Studiums stellte sich jedoch heraus, daß ihn weder die Schulmedizin noch die Schulphilosophie befriedigte. Diese Studienfächer entsprachen nicht, wie sich alsbald zeigte, seiner eigentlichen Begabung. Aus dem Bericht Vivianis, des ältesten Biographen und Zeitgenossen Galileis, entnehmen wir einige wesentliche Stellen [B 1]:

Als ihm sein Vater einmal vorstellte, daß die Malerei und Musik, zu welchen Künsten ... Galilei große Lust hatte, ihren Ursprung und Grund in der Geometrie hätten, wurde hierdurch ein Verlangen bei ihm erweckt, diese zu erforschen. Ja, er ersuchte selbst seinen Vater, er möchte ihm doch hierin hilfliche Hand leisten, welcher aber, weil er sich sorgte, es möchte hierdurch sein Sohn von dem Studium medicum abgezogen werden, ihm nicht willfahrte, sondern antwortete, er solle erst seine Studien zu Pisa absolvieren. Weil aber unser Galilei so lange nicht warten konnte, so bat er den Ostilio Ricci da Fermo, welcher nachmals Mathematikprofessor zu Florenz geworden ist, er möchte ihm doch etliche Abschnitte aus dem Euklid erklären; wobei er sich zugleich ausbat, seinen Vater hiervon nichts wissen zu lassen. Ricci hielt es zwar für höchst billig, das Verlangen dieses jungen Menschen zu erfüllen; jedoch überlegte er es erst mit dem alten Galilei, dessen guter Freund er war, und begehrte dessen Erlaubnis. Der Alte wollte anfänglich nicht ja sagen, endlich aber bewilligte er es mit dieser Bedingung, daß diese Zustimmung seinem Sohne unbewußt bleiben sollte, damit nämlich derselbe das Medizinstudium mit erwünschtem Fleiße fortsetzen möchte. So fing demnach besagter Ricci an, dem jungen Galilei die gewöhnlichen Erklärungen der Definitionen, Axiome und Postulate des ersten Buches der Elemente vorzutragen, und Galilei fand diese Prinzipien dermaßen klar und von allem Zweifel frei, daß er sich einbildete, wenn das ganze Gebäude der Geometrie auf solchen Prinzipien ruhte, so könnte es nicht anders als fest und stark sein. Daher gereute es ihn, daß er diesen so offenen Weg zur Erkenntnis der Wahrheit nicht eher betreten hat, und bekam von Tag zu Tag stärkere Neigung zu diesem Studium, hingegen aber immer weniger Lust zu der Medizin. Sein Vater, dieses merkend, unterließ es nicht, ihn öfters deswegen zu bestrafen; aber alles vergebens, bis endlich der Vater dem Ricci gar verbot, mit seinem Sohne die mathematischen Lektionen fortzusetzen. Doch dieses vermochte nicht, den jungen Galilei auf andere Gedanken zu bringen. Als Ricci noch nicht einmal mit der Erklärung des ersten Buches der Elemente fertig geworden war, versuchte es Galilei, ob er für sich selbst darin weiter fortkommen und besonders den so beschrienen 47. Abschnitt verstehen könnte. Was geschah? Galilei ging sein Bemühen glücklich vonstatten, und er durchforschte den Euklid vom Anfang bis zum Ende. Jedoch nahm er sich sorgfältig in acht, daß es sein Vater nicht erfahren möchte; zu welchem Ende er nebst dem Euklid immer den Hippokrates und Galen neben sich liegen hatte, damit, wenn ihn ungefähr der Vater überfallen sollte, er alsbald den Euklid verbergen und die alten Mediziner vorzeigen könnte. Endlich, als er immer deutlicher erkannte, daß er in wenig Monaten vermittels des Geometriestudiums viel besser von einer jeden Sache habe vernünftig mitreden gelernt, als er vorher mit Hilfe der Logik und gesamtem Philosophie hatte tun können, und als er nunmehr in das sechste Buch des Euklid gekommen war, so entschloß er sich, seinem Vater zu entdecken, was er für sich selbst in der Geometrie erlernt hat, und ihn zugleich zu bitten, daß er ihn nicht länger abhalten möchte von diesem Studium, zu welchem er einen natürlichen Trieb bei sich empfinde. Als nun sein Vater sah, daß der Sohn mit wunderbarer Scharfsinnigkeit allerhand Probleme auflösen konnte, welche er ihm vorlegte, und hieraus erkannte, daß derselbe zur Mathesis recht geboren sei, so ließ er sich endlich das Vorhaben seines Sohnes gefallen und tat ihm weiter keinen Einspruch ... Nunmehr gab Galilei der Medizin gänzlich gute Nacht und lief in kurzer Zeit alle Elemente Euklids durch, wie auch die vornehmsten geometrischen Schriften der Alten ...

Zu einem regulären Abschluß seines Universitätsstudiums ist Galilei nicht gekommen. Er erwarb sich jedoch während der letzten Studiensemester durch seine „freie Art zu philosophieren“ den Ruhm eines aufgeweckten Geistes, was ihn aber den kirchlichen Universitätsbehörden gegenüber verdächtig gemacht haben könnte. Vielleicht war man aber auch nicht damit einverstanden, daß er sein Studienziel ändern und fortan Mathematik studieren wollte. Jedenfalls ist merkwürdig, daß er für das vierte Studienjahr kein Stipendium erhalten sollte. Unter diesen Umständen war sein Verbleiben in Pisa nicht länger möglich. Er kehrte im Jahre 1585 nach Florenz ins Elternhaus zurück und setzte dort seine mathematischen Studien privat fort.

Die Mathematik umfaßte damals nicht nur die Reine Mathematik, an die wir heute vielleicht zuerst denken, wenn wir das Wort hören, sondern auch die Angewandte Mathematik im weitesten Sinne des Wortes: technische Wissenschaften, Astronomie, Physik. Galileis besondere Liebe galt dem Studium der Schriften des Archimedes. Diese dürften den Grund zu seiner kritischen Einstellung gegenüber dem Aristoteles gelegt haben: Archimedes, dem vor allem die Aufdeckung der Mängel in den physikalischen Schriften des Aristoteles zu verdanken ist, hatte schließlich durch seine hydrostatischen Versuche nachgewiesen, daß die Vorstellung von Aristoteles, wonach es absolut schwere Körper (Erde) mit dem Trieb zum Erdmittelpunkt und absolut leichte Körper (Feuer) mit dem Trieb zur Weltsphäre gibt und die übrigen Körper sich so bewegen, wie es der proportionalen Zusammensetzung daraus entspricht, falsch ist (Wasser und Luft sollten sich als „media“ dazwischen einordnen). In gleichem Sinne wie Archimedes dürfte auch Giovanni Battista Benedetti gewirkt haben, der in Fragen der Bewegungslehre Anspruch hat, als Vorläufer Galileis genannt zu werden.

Durch zwei kleine, handschriftlich verbreitete Schriften über die Konstruktion einer hydrostatischen Waage („La bilancetta“) von 1586 und über den Schwerpunkt fester Körper [A 8] gelang es Galilei, die Aufmerksamkeit des Marchese Guidobaldo del Monte auf sich zu lenken. Dieser wissenschaftlich gebildete Inspekteur der toskanischen Festungen ging auf Galileis technische Interessen ein und stellte ihm in der Folge weitere Schwerpunktaufgaben. Galilei überzeugte seinen Auftraggeber von seinen Fähigkeiten und gewann in ihm einen einflußreichen Gönner und Fürsprecher, der ihm künftig bei seinen Bemühungen um eine angemessene bürgerliche Lebensstellung von großem Nutzen sein sollte. Galilei selbst blieb indes nicht untätig und reiste im Jahre 1587 nach Rom, um die Bekanntschaft des in Bamberg geborenen Jesuitenpaters Christoph Clavius zu machen. Clavius war damals der angesehenste Astronom und Mathematiker in Italien. Galileis Hauptanliegen dürfte es gewesen sein, von dem einflußreichen Manne eine Empfehlung für eine Professur an einer der italienischen Universitäten zu erwirken.

Galileis Wirken in Pisa, Padua und Florenz

Dozent in Pisa (1589 bis 1592)

Knapp 24 Jahre alt, bewarb sich Galileo Galilei dreist um eine vakant gewordene Mathematikprofessur in Bologna. Trotz glänzender Empfehlungen wurde ihm jedoch bei der Besetzung ein älterer, in der Angewandten Mathematik erfahrenerer Konkurrent vorgezogen. Aber schon zwei Jahre später, im Jahre 1589, kam er an der Universität Pisa, wo er auch studiert hatte, zum Zuge. Diese frühe Berufung rechtfertigte ihn dem Vater gegenüber bezüglich des Wechsels seines Studienzieles. Eine Pfründe war die Stellung in Pisa freilich nicht: 60 Skudi im Jahr standen in einem argen Mißverhältnis zu den 2000 Skudi, die der medizinische Hauptprofessor verdiente. Auch als berühmter Mann hat er dieses Einkommen nie erreicht, aber er ist ihm mit 1000 Skudi beträchtlich näher gekommen. Einstweilen mußte er zufrieden sein, einen zweistündigen Lehrauftrag zu haben, der ihm viel freie Zeit für eigene Forschungen ließ, aber auch für Privatvorlesungen, die zusätzliche Einnahmen brachten. Darauf war er alsbald um so mehr angewiesen, als sein Vater 1591 starb und ihm als ältestem Sohn die Pflicht hinterließ, für seine Mutter und die noch zu Hause befindlichen Geschwister, den Bruder und zwei Schwestern, zu sorgen.

Professor in Padua (1592 bis 1610)

Ohne auf diesen familiären Notstand zu warten, hatte sich bereits der Marchese del Monte bemüht, seinen Schützling auf einem dessen Fähigkeiten und Leistungen angemesseneren Platz, nämlich auf dem Lehrstuhl für Mathematik an der Universität Padua in der Republik Venedig unterzubringen. Nach längeren Verhandlungen erfolgte am 26. September 1592 – fast zur selben Zeit wurde Giordano Bruno von Venedig ausgeliefert – Galileis Ernennung zum ordentlichen öffentlichen Professor der Mathematik in Padua, wie üblich zuerst auf sechs Jahre. Das fixe Einkommen war mit 75 Skudi nicht wesentlich höher als in Pisa, aber die Aussicht, gewinnbringende Privatvorlesungen zu halten, war jetzt ungleich größer. Paduas Universität, gegründet 1222, war damals eine der berühmtesten Bildungsstätten Europas. Ein übriges tat die benachbarte Weltstadt Venedig, um die Landesuniversität in Padua auch für solche jungen Leute anziehend zu machen, die sich nebenbei amüsieren wollten, also auch Geld für Privatvorlesungen besaßen.

Galileis Antrittsvorlesung ist nicht erhalten geblieben, hat aber Berichten zufolge großen Eindruck gemacht und ließ von dem neuen Kollegen und Universitätslehrer für die Zukunft Bedeutendes erwarten. Galilei hat als sehr guter Didaktiker und Redner nie über schlecht besuchte Vorlesungen zu klagen gehabt. Im Gegenteil, die größten Hörsäle scheinen manches Mal zu klein gewesen zu sein. Es wird bezeugt, daß seine dialektische Gewandtheit und Beredsamkeit beeindruckend waren und er über eine große Geschicklichkeit in der Auseinandersetzung mit seinen Gegnern verfügte.

Die Titel seiner Vorlesungen sind für die damalige Zeit nicht ungewöhnlich: 1593/94, 1599/1600 und 1603/04 las er über Sphäre und Euklid, 1594/95 über den ptolemäischen Almagest, 1597/98 über Euklid und die aristotelische Mechanik, 1604/05 über Planetentheorie. Man kann diese Titel auch in den zeitgenössischen Vorlesungsverzeichnissen anderer Universitäten finden. Galilei ist damals weder gegen die aristotelische Physik noch zugunsten der copernicanischen Lehre aufgetreten. Was Galilei in seinen häuslichen Privatvorlesungen gelehrt hat, ist weniger bekannt. Es könnte wohl sein, daß er hier freimütiger im Vortrag eigener Ansichten gewesen ist.

Da eine große Anzahl bildungsbeflissener Edelleute seine Privatschüler waren, mußte er sich auch auf deren Interessen an Festungsbau, Ballistik und anderen Militärwissenschaften einstellen, was wiederum sein eigenes Interesse an technischen Dingen gefördert hat. Ein übriges in dieser Hinsicht taten die Werften und das damals berühmte Arsenal der mächtigen Lagunenstadt Venedig, Einrichtungen, die ihm auch mancherlei Anregungen für seine wissenschaftlichen Arbeiten gaben. Bezeichnenderweise machte Galilei die Leser eines seiner wissenschaftlichen Hauptwerke, nämlich der „Discorsi", einleitend auf diese anregende Atmosphäre in Padua und Venedig aufmerksam.

Es ist bemerkenswert, daß Galilei bereits in einem Brief aus Padua vom 4. August 1597, in dem er sich bei Kepler für die Übersendung des Werkes „Mysterium cosmographicum“ (1596) bedankt, für das copernicanische System eintritt. Er verspricht, Keplers Buch in Ruhe zu lesen,

um so lieber, weil ich schon vor vielen Jahren zu den Anschauungen von Copernicus gekommen bin und von diesem Standpunkt aus die Ursachen vieler Naturvorgänge entdeckt habe, die auf Grund von gewöhnlichen Annahmen zweifellos nicht zu erklären sind. Ich habe darüber vieles ... noch nicht zu veröffentlichen gewagt, abgeschreckt durch das Schicksal des Copernicus selbst, der unser Lehrmeister ist ..., aber von unendlich vielen ... verlacht und ausgepfiffen wird. Ich würde es in der Tat wagen, mit meinen Gedankengängen an die Öffentlichkeit zu treten, wenn es mehr Leute Euerer Gesinnung gäbe. Da dies nicht der Fall ist, werde ich es unterlassen.

Kepler antwortet darauf am 13. Oktober 1597 aus Graz:

... erfreut durch die Freundschaft mit einem Italiener und in Übereinstimmung betreffs der Cosmographia copernicana. Nur hätte ich gewünscht, daß Ihr, der ja eine so hohe Einsicht besitzt, einen anderen Weg einschlagt. Ihr gebt ... die Mahnung, man solle vor der allgemeinen Unwissenheit weichen und sich nicht leichtfertig den wütenden Angriffen des gelehrten Haufens aussetzen oder entgegenstellen ... Auch wir in Deutschland machen uns mit jener Anschauung in keiner Weise beliebt ... Ich lebe von jenem großen Menschenhaufen getrennt und höre so einfach das Geschrei der vielen Stimmen nicht — Seid guten Muts, Galilei, und tretet hervor ... Wenn Italien zur Veröffentlichung weniger geeignet erscheint, so wird uns vielleicht Deutschland diese Freiheit gewähren ...

Kepler ist sehr optimistisch. Er ruft Galilei auf, „den rollenden Wagen mit vereinten Kräften ins Ziel zu bringen“, denn er meint, es „gibt unter den bedeutenden Mathematikern Europas nur wenige, die sich von uns trennen wollen“. Der noch unerfahrene schwäbische Protestant Kepler ahnt noch nicht den immensen Widerstand der konservativen Kräfte.

Bis zum Jahre 1609, in dem Galilei mit dem Fernrohr bekannt wurde, beschäftigte er sich kaum mit Astronomie. Allerdings ist seine erste astronomische Entdeckung aus dem Jahre 1604 zu erwähnen, in dem er eine heute als Nova bekannte Sternexplosion im Sternbild des Schlangenträgers gewahrte. Ein plötzlich aufleuchtender neuer Stern paßte in den von der Scholastik als unveränderlich angenommenen Sternenhimmel gar nicht hinein. Galilei wurde deswegen in eine längere Polemik mit dem Philosophen Cremonini verwickelt.

Es war damals üblich, daß Universitätsprofessoren zur Aufbesserung ihres bescheidenen Einkommens zahlungskräftige Studierende bei voller Pension in ihr Haus aufnahmen. Das tat auch Galilei bzw. seine Mutter, die ihm zeitweise den Haushalt geführt zu haben scheint. In den Jahren 1602 bis 1609 wurden auf diese Weise etwa ein Dutzend deutscher Studenten beherbergt, deren Namen bekannt sind. Chronischer Geldmangel ist auch ein plausibler Grund dafür, daß Galilei privatim über Astrologie las und auf Verlangen seinen Zuhörern Horoskope stellte, die mit 10 Skudis sehr gut honoriert wurden. Über Astrologie selbst hat er nichts publiziert.

Obwohl Galilei jeweils mit seinen Dienstzeitverlängerungen in den Jahren 1599 und 1606 ansehnliche Gehaltserhöhungen erhielt, bedrückten ihn zu dieser Zeit schwere wirtschaftliche Sorgen, allerdings nicht ohne eigene Schuld. Er konnte nur schlecht finanziell wirtschaften. Außerdem gab die Nachbarschaft des lustigen Venedig mancherlei Gelegenheit, über die eigenen Verhältnisse hinaus zu leben. An greifbaren Tatsachen ist nicht viel mehr bekannt, als daß er unverheiratet blieb, aber ein engeres Liebesverhältnis zu Marina Gamba hatte. Die Venezianerin gebar ihm in den Jahren 1600, 1601 und 1606 zwei Töchter und einen Sohn. Solche Verhältnisse scheinen damals nichts Ungewöhnliches gewesen zu sein, wohl aber gaben sie zu leisen Vorwürfen von Freundesseite Anlaß. Man hätte den bewunderten Gelehrten lieber verheiratet gesehen. Seine beiden Töchter sind Nonnen in einem Kloster in der Nähe von Florenz geworden. Die ältere, Virginia, mit dem Klosternamen Maria Celeste, hat ihrem Vater besonders nahe gestanden, doch ist sie bald nach dessen Verurteilung im Inquisitionsprozeß verstorben. Die zweite Tochter hieß Livia. Sein Sohn Vincenzio ist zu keiner auskömmlichen Lebensstellung gelangt. Zusammen mit Viviani hat er seinen Vater in dessen letzten Lebensjahren betreut, starb aber selbst früh und hinterließ eine unversorgte Familie, deren sich Viviani großzügig annahm.

Wie in Pisa widmete sich Galilei auch in Padua mit Eifer seinen Lehraufgaben: Er schrieb eine Reihe von Vorlesungsbehelfen für seine Schüler, darunter zwei über militärische Themen (1593) und ein Kompendium über die Sphäre (1597). Seine älteste Schrift von eigentlichem wissenschaftlichem Charakter von 1590 heißt „De motu“ (Über die Bewegung). Wenn sie damals auch nicht veröffentlicht wurde, so ist ihre Existenz für die Forschung jedoch überaus wichtig, weil sie über die Ausgangsposition seiner Entwicklung Auskunft gibt. Entsprechendes gilt auch für die Schrift von 1593 „Le meccaniche“ (Die Mechanik). Diese ist bemerkenswert, weil Galilei in ihr das Hebelgesetz verallgemeinert hat und der Vorstellung entgegengetreten ist, daß eine Maschine dazu dienen könne, „in irgend einer Weise die Natur zu betrügen, oder ihre feste und unabänderliche Ordnung zu umgehen“. Sie muß damals einige Aufmerksamkeit erregt haben, denn sie wurde alsbald ins Französische übersetzt.

Zu dem Ertrag der ersten Jahre in Padua gehören noch die Konstruktion eines Apparates zum Wasserheben mit Hilfe tierischer Kraft (1594), die ihm ein venezianisches Nutzungspatent einbrachte, und die Erfindung eines Proportionalzirkels für geometrische und militärische Zwecke (1597). Über diesen Zirkel und seine Anwendungen hat er 1606 in Eile ein Buch in Padua drukken lassen, um vorzubeugen, daß die durch seine Schüler bereits verbreitete Erfindung mißbraucht würde. Das Buch verteidigte seine Priorität gegenüber Balthasar Capra.

Galileis Hauptinteresse im ersten Jahrzehnt des 17. Jahrhunderts galt den in den genannten Schriften aufgegriffenen Problemen der örtlichen Bewegung und der Festigkeit der Körper. Wenn die gewonnenen Ergebnisse auch erst 1638 durch die „Discorsi“ allgemein bekannt wurden, so besagen doch Briefe, daß er die Probleme im wesentlichen im Jahre 1609 bewältigt hatte. Das gilt insbesondere für die Erkenntnis, daß die Fallbewegung eine beschleunigte Bewegung ist, bei der der Geschwindigkeit des fallenden Körpers in gleichen Zeiten gleiche Beträge zuwachsen. Dabei konnte er sich allerdings auf eine Reihe von Detailerkenntnissen seiner Vorgänger stützen. Schwerpunkt seiner Forschungen jener Monate war wohl die Wurflehre.

Im folgenden wollen wir auf die Galileischen Untersuchungen zur Fallbewegung etwas näher eingehen:

Daß Galilei die Priorität für die quantitative Formulierung des Fallgesetzes eines Körpers (Fallweg proportional dem Quadrat der Fallzeit) besitzt, steht wohl außer Zweifel. An der auf verschiedene Körper bezogenen Erkenntnis: „Im luftleeren Raum fallen alle Körper gleich schnell“, die ihre tiefere Ursache in der

Identität von träger und schwerer Masse besitzt, was erst 1915 Albert Einstein in seiner Allgemeinen Relativitätstheorie und Gravitationstheorie enthüllen konnte, haben verschiedene Forscher aktiv mitgewirkt. Vielleicht hat man aber auch hier Galilei das letzte klare Wort zu verdanken. Die qualitativ neue Erkenntnisposition versteht man erst richtig, wenn man sie der Aussage des Aristoteles gegenüberstellt: „Im luftleeren Raum fallen alle Körper unendlich schnell." Bei Aristoteles findet man auch die Kuriosität, daß die Geschwindigkeit eines fallenden Körpers dessen Gewicht proportional ist, d. h., daß ein Eisenstab von 100 Pfund, aus einer Höhe von 100 Ellen herabfallend, in einer Zeit den Boden erreicht, in welcher ein einpfündiger Stab nur eine Elle zurückgelegt hat! Dieser Satz hat nachweislich schon im 6. Jahrhundert den Widerspruch des Johannes Philopones erregt, der sich durch den Augenschein überzeugen ließ, daß zwei schwere Körper, die gleichzeitig aus der gleichen Höhe herabfallen, auch wenn sie sich erheblich im Gewicht unterscheiden, fast gleichzeitig unten ankommen, also in bezug auf die Fallzeiten nur geringe Differenzen, jedenfalls keine umgekehrte Proportionalität zeigen. Der Galileischen Erkenntnis über den freien Fall am nächsten ist wohl Benedetti gekommen, der 1553 in seiner kleinen Schrift „Demonstration gegen Aristoteles und alle Philosophen" Gedanken des Philopones weiterführte und den Einfluß der Luft auf die örtliche Bewegung allgemein auf hemmenden Widerstand und Auftrieb gemäß dem archimedischen Prinzip beschränkt wissen wollte. In diesen beiden Einflüssen sah er die für den Unterschied in den Fallzeiten verschiedener Körper bei gleicher Fallhöhe verantwortliche Ursache. Wenn die „leichten" Körper aufsteigen, so tun sie es nicht, wie Aristoteles lehrte, eines natürlichen Triebes wegen, sondern des Auftriebes wegen, der das Gewicht des Körpers übertrifft, wenn dessen spezifisches Gewicht geringer ist als das der Luft.

Für jene Zeit ist noch bemerkenswert, daß Galileis Amtsvorgänger in Padua, Giuseppe Moletti, in seinen Vorlesungen über die Bewegungslehre sich damals auf die von Philopones und Benedetti behaupteten antiaristotelischen Erkenntnisse über den freien Fall berufen hat. Auch die Namen Varchi, Tartaglia und Bellaso werden in gewissem Sinne als Vorläufer Galileis hinsichtlich des freien Falles genannt.

Tartaglia (Stotterer) hieß eigentlich Niccolo Fontana. Als Kind wurde er von der französischen Soldateska mißhandelt, was sein Stottern zur Folge hatte. Er war der Lehrer von Benedetti. Vermutlich liegt auch eine ernsthafte Quelle für die Einsicht über den freien Fall bei dem flämischen Ingenieur Simon Stevin, der 1590 das Beispiel des freien Falls eines Ziegelsteines und des gleichzeitigen freien Falles von 10 Ziegelsteinen, die lose miteinander verbunden seien, diskutiert und auf den Widersinn eines schnelleren Fallens der 10 Ziegelsteine hingewiesen hat. Bekanntlich geht auf Stevin auch die geistreiche Überlegung über eine endlose Kette zurück, die um einen Keil (zweiteilige schiefe Ebene) gelegt ist. Als praktischer Mann schloß er die Möglichkeit einer Dauerbewegung einer solchen Kette, also ein Perpetuum mobile, aus.

Dennoch behauptete der Peripatetiker Giorgio Coresio 1612, daß die am schiefen Turm zu Pisa angestellten Fallversuche Benedettis die neuen Ansichten, die mit Aristoteles nicht im Einklang seien, widerlegten. Coresio schrieb die Priorität dieser vermeintlich falschen Anschauung dem Pisaner Lehrer Galileis, Jacopo Mazzone, zu, der auch ein Freund von Galileis Vater war. Von Mazzone aber wird gesagt, daß er Galilei auf das Studium von Philopones und Benedetti verwiesen habe.

Da einerseits Coresio die angeblichen Fallversuche Galileis am schiefen Turm zu Pisa nicht erwähnt und auch dessen geistige Priorität an der obigen Erkenntnis bestreitet, andererseits Galilei in einem darüber an einen Freund gerichteten Brief selbst keine eigenen Fallversuche beschreibt, ist es wohl klar, daß es sich bei der Erzählung über die von Galilei beim Fall vom schiefen Turm zu Pisa benutzten Kugeln aus Holz und Eisen, deren gleich schneller Fall die ungläubigen Zuschauer verdutzt haben soll, um eine Legende handelt.

Ähnlich verhält es sich mit der von Viviani überlieferten Erzählung, daß Galilei als Student in Pisa während einer Messe in der Kathedrale an der pendelnden Bewegung des Kronleuchters die Konstanz der Schwingungsdauer trotz abklingender Amplitude erkannt haben soll, indem er seinen Pulsschlag als Zeitmesser benutzte.

Der oft übertreibende Viviani hat Galilei erst 1639, also drei Jahre vor dessen Tod kennengelernt. Um diese Zeit, die ein halbes

Jahrhundert von jenen angeblichen Experimenten trennte, mag in den Erzählungen Galileis durchaus gelegentlich Dichtung in die Wahrheit eingeflossen sein.

Galileis Arbeiten zur Mechanik wurden im Jahre 1609 für lange Zeit unterbrochen. Der Grund für den langjährigen Aufschub des Abschlusses dieser physikalischen Arbeiten ist darin zu sehen, daß Galilei in diesem Jahre eine neue Lebensaufgabe für sich in der Astronomie erkannte, die ihn in zwei Jahren zum berühmtesten Gelehrten Italiens machen sollte: die Erforschung des Sternenhimmels mit Hilfe des 1608 in Middelburg in Holland von Zacharias Jansen, Hans Lippershey u. a. erfundenen Fernrohres, von dem ein Exemplar dem Grafen von Nassau, Moritz, übergeben worden war (auf einige fragliche Hintergründe dieser Entdeckung soll hier nur hingewiesen werden). Das Gerücht über die Erfindung des Fernrohrs kursierte etwa im April/Mai 1609 in Venedig, wo sich Galilei gerade aufhielt. Als er davon hörte, reiste er gleich nach Padua zurück und befaßte sich mit dem Bau eines solchen Instruments. Seine Fernrohrgeschichte brachte ihm in seiner Stellung an der Universität Padua große Vorteile. Er erzählt sie in seinem im März 1610 erschienenen „Siderius Nuncius" (Sternenbotschaft), seinem ersten Bericht über seine astronomischen Entdeckungen [B 2]:

Vor ungefähr 10 Monaten drang zu mir das Gerücht, daß von einem Belgier ein Glas zum Hindurchsehen hergestellt worden sei, mit dessen Hilfe gesehene, wenn auch vom Auge des Sehenden weit entfernte Gegenstände deutlich wie nahe wahrgenommen würden; und von dieser wunderbaren Wirkung wurden einige Beispiele verbreitet, denen die einen Glauben schenkten, die anderen nicht. Dasselbe wurde mir wenige Tage darauf durch Briefe des vornehmen Franzosen Jacob Badovere von Paris aus bestätigt. Das gab mir die entscheidende Veranlassung, alle meine Gedanken darauf zu richten, die Ursachen zu erforschen und die Mittel ausfindig zu machen, um zur Erfindung eines ähnlichen Instrumentes zu kommen, und zu dieser bin ich bald darauf, von den Gesetzen der Dioptrik geleitet, gelangt. Zunächst stellte ich mir ein Rohr aus Blei her, an dessen Ende ich zwei Glaslinsen anbrachte, beide auf der einen Seite eben, auf der anderen die eine kugelförmig konvex, die andere konkav. Als ich dann das Auge an das Hohlglas brachte, sah ich die Gegenstände beträchtlich groß und nahe; sie erschienen dreimal näher und neunmal größer, als sie vom natürlichen Auge gesehen wurden.

Es muß dahingestellt bleiben, ob Galilei die Gesetze der Dioptrik entscheidend dabei geholfen haben. Doch hat er mit späteren

Modellen schließlich eine 30fache Linearvergrößerung erreicht, wobei die Wissenschaft natürlich aufs wirksamste durch die Kunst der berühmten venezianischen Glasschleifer unterstützt worden ist. Da Galileis Vorgänger bei ihren Fernrohren diese Vergrößerung nicht erreicht haben, entgingen ihnen auch die interessantesten astronomischen Entdeckungen, insbesondere die Jupitermonde.

Zweifel daran, daß die Gesetze der Dioptrik Galilei wesentliche Hilfe geleistet haben, sind berechtigt, wenn man erfährt, daß er noch 1614 brieflich erklärt, die Wissenschaft von den Fernrohren sei noch nicht gut bekannt, er kenne auch niemand, der sie behandelt habe,

wenn man nicht an Johannes Kepler, den Mathematiker des Kaisers, denken wollte, welcher ein Buch (Optik 1604, Dioptrik 1610) darüber geschrieben habe, so dunkel, daß wohl noch niemand es verstanden hat.

Man wird es Galilei in seiner wirtschaftlichen Lage nicht verübeln, daß er mit dem nachkonstruierten Fernrohr nach Venedig zurückreiste und sein Produkt nicht nur seinen Freunden, sondern auch dort vorführte, wo man eine Honorierung für die Entwicklung eines zu Lande und zu Wasser so nützlichen Instrumentes erwarten konnte. Nach einem Empfang beim Rat von Venedig, der Galilei Gelegenheit gab, dem Dogen eines seiner vollkommensten Fernrohre nebst einer Anweisung für deren Herstellung und Gebrauch zu überreichen, wurde er am 25. August 1609

in seiner Profession auf lebenslang bestätigt und zugleich mit einer Besoldung versehen, die dreimal größer war, als sie vorher den Lectores mathematicae war gereicht worden ... (Viviani).

Diese ganz ungewöhnliche Auszeichnung vermochte jedoch nicht, Galilei zur Aufgabe seiner Bemühungen um eine Stellung am Hofe des Großherzogs von Toskana in Florenz zu veranlassen. Er war nun einmal nach Herkunft und Erziehung kein Republikaner. Die angesehene Stellung, zu der er sich in Padua emporgearbeitet hatte, ließ den Glanz vermissen, den in seinen Augen nur eine Hofstellung verlieh. In völliger Unkenntnis fremder Sorgen mag er nicht ohne Neidgefühle an Kepler in Prag gedacht haben, der unbeschwert von dienstlichen und privaten Lehrverpflichtungen forschen konnte und den schönen Titel „Kaiserlicher Hofmathematiker“ führte. Es werden auch andere Gründe mitgewirkt haben: das Heimweh nach dem geliebten Toskana; der Verdruß, in der Lehre an der Universität der überholten Physik der Antike verpflichtet zu sein; und schließlich die Absicht, sich von Marina Gamba zu trennen. Seit Jahren hatte er schon seine Fühler nach Florenz ausgestreckt. Bislang jedoch ohne Erfolg. Im Februar 1609 nach der Thronbesteigung Cosimos II., der als Erbgroßherzog sein Schüler gewesen war, hielt er die Zeit für gekommen, sich in aller Form um eine Stellung als Hofphilosoph und Hofmathematiker zu bewerben. Das folgende Bewerbungsschreiben ist ein in vieler Hinsicht aufschlußreiches Dokument [B 2]:

Zwanzig Jahre, und die besten meines Lebens, habe ich nunmehr damit hingebracht, das bescheidene Talent, das mir von Gott und kraft meines Bemühens in meinem Berufe zuteil geworden ist, auf jedermanns Verlangen, wie man sagt, im Kleinhandel auszugeben. Wenn daher der Großherzog in seinem gütigen und edlen Sinne mir außer dem Glück, ihm dienen zu dürfen, gewähren wollte, was ich sonst noch wünschen kann, so gestehe ich, daß mein Gedanke dahin gehen würde, so viel Muße und Ruhe zu gewinnen, daß ich vor meinem Lebensende drei große Werke, die ich unter Händen habe, zum Abschluß bringen könnte, um sie zu veröffentlichen, vielleicht zu einigem Ruhme für mich und für den, der mich bei solchen Unternehmungen förderte; möglicherweise für die Jünger der Wissenschaft von größerem, universellerem und dauerndem Nutzen als das, was ich in den Jahren, die mir noch übrigbleiben, zu leisten vermöchte.

Größere Muße, als sie mir zuteil würde, glaube ich nicht, irgendwo sonst finden zu können, wo ich immer genötigt wäre, durch öffentliche und Privatvorlesungen den Unterhalt meines Hauses zu erlangen. Auch würde ich diese Art der Tätigkeit nicht gern in einer anderen als in dieser Stadt ausführen, aus verschiedenen Gründen, die sich nicht in der Kürze aufzählen lassen. Es genügt mir auch die Freiheit, die ich hier habe, nicht, da ich genötigt bin, auf Verlangen von diesem oder jenem manche Stunden des Tages und häufig genug die besten herzugeben. Von einer Republik, so glänzend und großgesinnt sie sei, Besoldung in Anspruch zu nehmen, ohne der Öffentlichkeit Dienste zu leisten, läuft den Gewohnheiten zuwider, weil, wer von der Öffentlichkeit Nutzen ziehen will, der Öffentlichkeit und nicht nur einem einzelnen Genüge leisten muß. Solange ich imstande bin, zu lesen und Dienste zu leisten, kann niemand in der Republik mich von dieser Pflicht entbinden und mir die Einkünfte belassen. Kurz gesagt, einen so erwünschten Zustand kann ich von niemand anders zu erlangen hoffen als von einem absoluten Fürsten.

Aber ich möchte nicht, Signor, daß Ihr aus dem, was ich gesagt, die Meinung entnehmt, ich erhebe unvernünftige Ansprüche, indem ich Besoldung ohne Verdienst oder Dienstleistung begehrte, denn das ist nicht mein Gedanke. Vielmehr, was den Verdienst betrifft, stehen mir mancherlei Erfindungen zu Gebote, von denen eine einzige, wenn sie einen großen Fürsten trifft, der an ihr Wohlgefallen findet, ausreichen kann, um mich fürs Leben gegen Not zu schützen; denn die Erfahrung zeigt mir, daß Dinge, die vielleicht weit weniger schätzbar waren, ihren Erfindern große Vorteile gebracht haben; und es ist immer mein Gedanke gewesen, sie eher als jedem anderen meinem angestammten Fürsten und Herren darzubieten, damit es in seinem Willen stehe, über sie und den Erfinder nach seinem Gutdünken zu verfügen. Wenn es ihm so gefiele, nicht nur das Erz zu nehmen, sondern auch den Schacht, denn täglich erfinde ich ein Neues und würde weit mehr noch finden, wenn ich mehr Muße hätte und mehr Handwerker zur Verfügung, deren ich mich zu verschiedenen Versuchen bedienen könnte.

Was den täglichen Dienst betrifft, so scheue ich nur eine Dienstbarkeit, bei der ich nach Art der Dirnen meine Bemühungen dem willkürlichen Preis des ersten besten hingeben muß; aber einem Fürsten oder großen Herren zu dienen und denen, die ihm angehören, wird mir nicht zuwider sein, vielmehr erwünscht und lieb. Und weil ihr, Signor, auch die Einkünfte berührt, die ich hier beziehe, so sage ich Euch, daß mein Gehalt von Staats wegen 520 Gulden beträgt, deren Erhöhung auf ebensoviel Skudi ich in wenigen Monaten bei Erneuerung meiner Anstellung mit Sicherheit erwarten darf. Und diesen Betrag kann ich erheblich vermehren, da ich für den Bedarf des Hauses einen ansehnlichen Zuschuß aus der Aufnahme von Studenten und dem Ertrag von Privatvorlesungen beziehe ...

Der angesprochene Staatsminister des Großherzogs ließ sich jedoch durch diese schönen Worte nicht betören. Erst nach langwierigen Verhandlungen, in deren Verlauf Galilei sich eingehend über seine wissenschaftlichen und militärischen Pläne erklären mußte – und vielleicht die Hauptsache – erst nachdem man in Florenz einen Weg gefunden hatte, die von Galilei geforderte Besoldung in Höhe von 1000 Skudi von der großherzoglichen Kasse auf die Universität Pisa abzuwälzen, kam die Berufung zustande: Die Universität Pisa wurde angewiesen, Galilei zum außerordentlichen Professor der Mathematik ohne Lehrverpflichtung zu ernennen. Des weiteren erhielt er den gewünschten Titel eines ersten Mathematikers und Philosophen des Großherzogs von Toskana.

Förderlich für Galileis Ernennung, aber wohl kaum entscheidend war es, daß er während der Verhandlungen, nämlich am 7. Januar 1610, drei Jupitermonde entdeckte und mit deren Namensgebung „Mediceische Sterne“ den Namen des Fürstenhauses verewigte. Er schreibt darüber:

Obwohl ich sie für Fixsterne hielt, wunderte ich mich über sie, weil sie genau in einer geraden und zur Ekliptik parallelen Linie aufgereiht waren und heller als die übrigen Sterne, die sich in ihrer Größe nicht unterschieden, erschienen ... Im Osten standen zwei Sterne und einer gegen Westen ... Als ich aber am 8. Januar – nach Gottes Willen – diese Beobachtung wiederholte, fand ich eine ganz andere Lage vor: Alle drei Sternchen standen im Westen, näher an sich und an Jupiter ...

Fortgesetzte Beobachtungen ließen Galilei zu dem Schluß kommen, „daß drei Planeten um Jupiter kreisen wie Venus und Merkur um die Sonne".

Da Jupiter selbst ein Planet ist wie die Erde, ist es richtiger, seine Begleiter als Jupitermonde zu bezeichnen, wie es heute allgemein üblich ist. Ein vierter Mond, der sich während der ersten Beobachtungen hinter dem Jupiter verborgen hatte, gesellte sich später zu den drei von Galilei zuerst entdeckten. Kepler schlug damals für die Jupiterbegleiter die neutrale Bezeichnung Jupiter-Satelliten vor.

In diese Zeit fallen, nachdem Galilei das Fernrohr astronomisch nutzbar zu machen verstanden hatte, noch eine Reihe weiterer Entdeckungen am Sternenhimmel:

Er fand heraus, daß die Oberfläche des Mondes eine gebirgige Struktur besitzt, und machte auf Grund der durch das Sonnenlicht bedingten Schatten der Mondgebirge sogar Abschätzungen über deren Höhe von etwa 7 Kilometern. Er schrieb, daß

die Oberfläche des Mondes nicht völlig glatt, frei von Unebenheiten und genau kugelförmig ist, wie eine Philosophenschule meint, sondern daß sie ganz im Gegenteil voll von Unregelmäßigkeiten, voll von Löchern und Erhebungen ist, genau wie die Oberfläche der Erde, die allenthalben durch hohe Berge und tiefe Täler unterschieden wird.

Es verdient in diesem Zusammenhang erwähnt zu werden, daß schon Plutarch den Mond für einen der Erde ähnlichen Himmelskörper ansah, daß ihn Bruno sogar für bewohnbar hielt und daß Gilbert schon vor der Erfindung des Fernrohrs die erste Mondkarte gezeichnet hat.

Weiter konstatierte Galilei, daß die Milchstraße nichts besonders Geheimnisvolles ist, sondern aus einer riesigen Menge von Sternen besteht. Er fand, daß die Zahl der Fixsterne mindestens um mehr als das Zehnfache größer ist, als es dem damaligen Zahlenwert entsprach. Im Orion entdeckte er 80, in den Plejaden 36 neue Sterne.

Im März 1610 erschien seine schon erwähnte „Sternenbotschaft", in der er seine Erkenntnisse niedergelegt hat.

Die meisten Zeitgenossen Galileis mißtrauten seinen Angaben. Viele hegten Zweifel an seiner Lauterkeit und hielten ihn für einen

Betrüger, zumal ihr Beobachtungssinn oft nicht genug geschärft war, um seine Beobachtungen zu bestätigen. Seine gefährlichsten Gegner aber waren die Peripatetiker, die sich überhaupt weigerten, durch Fernrohre zu schauen, da sie darin Gaukelei und optische Täuschung vermuteten, dafür aber auf die Schriften der Alten vertrauten.

Charakteristisch für die gegen Galilei gerichtete Stimmung ist der Brief Fuggers aus der bekannten Augsburger Fuggerfamilie vom April 1611:

Was Galileis Nuncius Aethereus betrifft, so ist er mir längst in die Hände gekommen, und weil er vielen in der Mathematik Bewanderten ein trockener Diskurs scheint oder eine philosophischen Wissens bare ausstaffierte Prahlerei, habe ich nicht gewagt, ihn Seiner Kaiserlichen Majestät zu schicken. Es versteht und pflegt dieser Mensch sich wie der Rabe bei Aesop mit fremden Federn, die er von hier und dort hernimmt, sich zu schmücken, so wie er auch für den Erfinder jenes kunstvollen Prespicills gehalten werden will ...

Es war sicherlich für Galilei sehr wohltuend, die Solidarität Keplers in seinem Kampf gegen die Widerwärtigkeiten der aristotelischen Pseudowissenschaftler in dessen „Narratio" zu spüren. Kepler vermerkte begeistert:

Oh, du herrliches Rohr, köstlicher als ein Zepter. Wer dich in seiner Rechten hält, ist er nicht zum König, sondern zum Herrn über die Werke Gottes gesetzt!

In einem Brief an ihn vom 19. August 1610 schrieb Galilei aus Padua [B 6]:

Ich danke Dir, daß Du, wie es von der Schärfe und dem Freimut Deines Geistes nicht anders zu erwarten war, schon nach dem ersten kurzen Einblick, den Du in meine Forschungen genommen, zuerst, ja fast als einziger, meinen Behauptungen vollen Glauben beigemessen hast ... Was aber wirst Du zu den ersten Philosophen unseres Paduaner Gymnasiums sagen, die trotz tausendfacher Aufforderungen in eiserner Hartnäckigkeit sich dagegen sträubten, jemals die Planeten oder den Mond oder das Fernglas selbst zu betrachten, und die somit ihr Auge mit Gewalt gegen das Licht der Wahrheit verschlossen? ... Die Sorte Menschen glaubt, ... die Wahrheit sei nicht in der Welt oder in der Natur, sondern (dies sind ihre eigenen Worte!) durch die Vergleichung der Texte zu erforschen. Wie würdest Du lachen, wenn Du hören könntest, wie der angesehenste Philosoph in Pisa sich abmühte, ... die neuen Planeten durch Zaubersprüche vom Himmel wegzudisputieren.

Angesichts der durch Kepler erfahrenen Unterstützung stimmt es traurig, wenn man erfährt, wie sich Galilei gegenüber Kepler gelegentlich absichtlich zurückhaltend, in gewisser Hinsicht sogar charakterlos verhalten hat. Es gibt eine umfangreiche Literatur, die sich mit dem Verhältnis beider zueinander beschäftigt. Wir können hier nicht näher darauf eingehen [B 8]. Wir erwähnen nur, daß meist dann, wenn Kepler eine dringende Bitte aussprach, keine Antwort erfolgte. Charakteristisch dafür ist das folgende Beispiel:

Johannes Kepler bat am 9. August 1610 Galilei fast flehentlich um ein Fernrohr, um die Galileischen Beobachtungen bestätigen zu können. In dem schon erwähnten Schreiben vom 19. August 1610 antwortete ihm Galilei aus Padua:

> ... das ganz ausgezeichnete Instrument, das ... mehr als tausendmal vergrößert ... hat der Großherzog erbeten, um es in seiner Galerie aufzustellen und zum ewigen Angedenken ... aufzubewahren. Ein anderes habe ich nicht konstruiert, da es nicht nach Florenz gebracht werden könnte, wo in Zukunft mein Wohnsitz sein wird. Dort werde ich sobald als möglich Instrumente herstellen und meinem Freunde schicken.

Diese Aussage, wonach Galilei kein anderes Fernrohr gebaut habe (übrigens dürfte die Angabe einer tausendfachen Vergrößerung stark übertrieben sein), entspricht nicht der Wahrheit [B 8]. Kurz vorher hatte er nämlich ein gutes Instrument Kurfürst Ernst nach Köln gesendet, der es Anfang August 1610 mit zu Kaiser Rudolf nach Prag genommen und Kepler vom 29. August bis 9. September ausgeliehen hatte. So bekam Kepler die Möglichkeit, die Existenz der Mediceischen Sterne zu bestätigen.

Es scheint beinahe so, daß Galilei Kepler, den er offensichtlich als ernsthaften wissenschaftlichen Rivalen ansah, mit solchen Methoden hat ausschalten wollen. Galilei hat sich mit der teilweisen Ignorierung Keplers selbst keinen Gefallen getan. So grübelte er auf weiten Strecken über Probleme, die eine völlig neue Wende erfahren hätten, wenn er Keplers echte Erkenntnisse berücksichtigt hätte. Wir denken dabei vor allem an die Keplerschen Gesetze. Durch diese, insbesondere durch die Entdeckung der Ellipsengestalt der Planetenbahnen, wäre er vielleicht von seiner aristotelischen Voreingenommenheit, daß die natürliche Bewegung der Körper auf Kreisbahnen verläuft, abgekommen und hätte damit möglicherweise selbst unzweideutig das Trägheitsgesetz (1. Newtonsches Axiom) allgemeingültig formulieren können.

Andererseits ist aber dieses Verhalten Galileis gegenüber Kepler wiederum teilweise verständlich, da sich bei Kepler starke mystische Elemente, insbesondere in seinem „Mysterium cosmographicum“ finden, die Galilei völlig zuwider waren.

Schließlich erwähnen wir noch, daß Galilei während seiner Zeit in Padua mit zwei venezianischen Priestern, nämlich dem Staatstheologen Paolo Sarpi und seinem Nachfolger und späteren Biographen Fulgenzio Micanzio enge Freundschaft geschlossen hat. Der liberale Sarpi verteidigte die Interessen der Republik Venedig gegenüber dem Vatikan und war deshalb in Rom in Mißkredit geraten. Später wurde Galilei die enge Freundschaft zu Sarpi verübelt.

In Venedig war man begreiflicherweise über Galileis Weggang aus Padua sowohl amtlicherseits als auch in Freundeskreisen sehr verstimmt. Es gab aber auch dort Freunde, die sich um Verständnis bemühten und ihm die Treue hielten. Zu letzteren gehörte Giovan Francesco Sagredo, der nach langem Aufenthalt als Diplomat in Aleppo nach Venedig zurückgekehrt war und am 13. August 1611 einen betrübten Abschiedsbrief nach Florenz schrieb. Wir müssen uns hier auf einen Satz aus diesem Brief beschränken:

Das aber, daß Ihr an einem Orte seid, wo — wie man erzählt — die Freunde Berlinzones (Prototyp für die Jesuiten [B 16]) in hohem Ansehen stehen, macht mich sehr besorgt.

Wie sehr und wie bald sollte sich diese Besorgnis als berechtigt erweisen! Nach dem Verlust von äußerem Ruhm und höfischer Ehre hat Galilei in seinem Alter in der Internierung in Arcetri die 18 Jahre in Padua als die glücklichsten seines Lebens bezeichnet. Es waren zugleich die ertragreichsten seiner Forscherlaufbahn.

Philosoph, Mathematiker und Astronom am Hofe zu Florenz (1610 bis 1633)

Aus verschiedenen bereits dargelegten Gründen zog es Galilei nach Florenz. Dort fühlte er sich wohler. Die Luft am Hofe eines absoluten Fürsten schien ihm köstlicher zu sein. Über die Vorzüge der mächtigen bürgerlichen Republik Venedig nachzudenken, die es wagen konnte, einem päpstlichen Interdikt zu trotzen und die Jesuiten aus ihrem Staatsgebiet zu vertreiben, was er selbst miterlebt hatte, fand er offensichtlich erst in Arcetri Zeit.

Man darf dabei auch nicht übersehen, daß seine häuslichen Verhältnisse sehr unerquicklich geworden waren. Zu Hause lebten seine Mutter sowie seine ihm nicht kirchlich angetraute Lebenskameradin Marina Gamba und seine drei Kinder. Doch die beiden Frauen vertrugen sich nicht und störten seine Arbeitsruhe. Das gespannte Verhältnis zu gewissen Kollegen an der Universität tat ein übriges. Man neidete dem etwas hochmütigen und eitlen Galilei einfach seine wissenschaftlichen Erfolge und seine ungewöhnlich hochbesoldete Universitätsstellung. Auch drohte die Fernrohrgeschichte zu einem Skandal auszuwachsen, obwohl Galilei nirgends behauptet hatte, das Fernrohr erfunden zu haben.

Am 12. September 1610 traf Galilei in Florenz ein, „daselbst von seiner Hoheit, von den Gelehrten und von dem florentinischen Adel mit allen Zeichen der Hochachtung und Liebe empfangen und aufgenommen“ (Viviani).

Wenige Tage danach nahm er seine in Padua begonnenen Beobachtungen des Saturns wieder auf und bestätigte den im Juli 1610 bereits entdeckten Saturnring, wobei er allerdings die Ringstruktur, die erst später von Christiaan Huygens identifiziert wurde, im einzelnen noch nicht erkennen konnte. Er sah sternartige Anhängsel auf beiden Seiten des Saturns und sprach deshalb von der Dreigestalt dieses Sternes.

In diesen Zusammenhang ist auch seine wichtige Entdeckung der Phasen der Venus einzuordnen, die bei ganz bestimmten Stellungen zur Sonne, von der Erde aus gesehen, sichelförmig erscheint. Es handelt sich dabei im Prinzip um denselben Effekt wie bei der Entstehung der Mondsichel.

Er unterrichtete über beide Entdeckungen Freunde und Fachgenossen, darunter auch Kepler durch zwei lateinische Anagramme, die aufgelöst und übersetzt lauten:

> Den höchsten der Planeten (gemeint Saturn) habe ich dreigestaltig beobachtet, und die Mutter der Liebe (gemeint Venus) eifert den Gestalten des Mondes nach.

Auf diese Weise sicherte sich Galilei die Priorität dieser Erkenntnisse, ohne aber andererseits zuviel zu verraten.

Bei aller Bewunderung für die relative Güte der selbstgebauten Fernrohre Galileis und seine Beobachtungskunst darf man jedoch seine Voreingenommenheit nicht übersehen, die ihn gegebenenfalls nur das sehen oder jedenfalls beschreiben ließ, was der Verstand ihm eingab. So steht seine Beschreibung des Lichtwechsels der Venus im Detail an Zuverlässigkeit der bald darauf erfolgten Beschreibung durch Beobachter der Gesellschaft Jesu nach. Er war auch voreingenommen genug, diese Phasen als endgültigen Beweis für das copernicanische Weltbild in Anspruch zu nehmen. In einem Brief schrieb er:

> Es werden nach dieser Entdeckung die Herren Kepler und die übrigen Copernicaner sich rühmen können, richtig geglaubt und philosophiert zu haben.

Kepler war kritischer: Bewiesen war nur, daß sich die Venus nicht um die Erde, sondern um die lichtspendende Sonne bewegt. Das ptolemäische System war damit widerlegt, aber keineswegs das damals noch mit dem copernicanischen konkurrierende ägyptische oder Tycho-Brahesche System, das Merkur und Venus um die Sonne und mit dieser gemeinsam um die Erde als Mittelpunkt der Welt kreisen ließ.

In jene Zeit fällt auch Galileis Entdeckung, daß sich die Planeten wie helle Scheibchen im reflektierten Sonnenlicht verhalten, im grundsätzlichen Unterschied zu den selbst strahlenden Fixsternen.

Weiter merken wir an, daß Galilei seine bereits erwähnte Entdeckung der Jupitermonde zu einer grundsätzlichen Schlußfolgerung führte: Es war damit der Beweis erbracht, daß ein Zentrum, um das Satelliten herumlaufen, sich selbst bewegen kann. Die Wichtigkeit dieser Erkenntnis für die Anerkennung des copernicanischen Weltbildes lag auf der Hand. Zu den Jupitermonden selbst ist noch zu sagen, daß sich durch die genaue Bestimmung ihrer Umlaufzeiten für Galilei die Möglichkeit der Fixierung der geographischen Länge eines Schiffes auf See anbot. Diese Methode schien mit großem praktischem Nutzen für die damals aufblühende Hochsee-Schiffahrt verbunden zu sein.

All diese Erkenntnisse paßten so gut zum neuen Weltbild, daß sich Galileis Überzeugung von dessen Richtigkeit immer mehr festigte. Es drängte sich ihm der Gedanke auf, ein zusammenfassendes Werk über das Weltsystem zu schreiben, wohlwissend, welche ideologischen Barrieren er dabei zu überwinden hatte.

So reifte in ihm schließlich der Plan, sich nach Rom zu begeben, um mit den Vertretern des Collegium Romanum und auch mit dem Papst persönlich zu sprechen. Er wollte durch ausgiebige Diskussionen die höchsten Instanzen von der Richtigkeit der copernicanischen Lehre überzeugen.

Im Frühjahr 1611 reiste Galilei mit Diener und Sänfte, vom Fürstenhaus zur Verfügung gestellt, nach Rom und feierte dort mit seinen Vorträgen und astronomischen Demonstrationen große Triumphe. Im Quirinalgarten soll er auch in Gegenwart des Kardinals Bandini und anderer Herren die Sonnenflecken gezeigt haben. Der Kardinal Francesco Maria del Monte schrieb dem Großherzog von Toskana:

... lebten wir noch in jener alten römischen Republik, so hätte man ihm sicherlich eine Säule auf dem Capitol errichtet, um die Vorzüglichkeit seines Werkes zu ehren ...

Und Galilei schrieb in die Heimat an seinen einstigen Schüler in Padua, Filippo Salviati:

Ich habe Gunstbezeigungen von vielen der Herren Kardinäle und Prälaten und verschiedener Fürsten empfangen, die zu sehen verlangten, was ich beobachtet habe, und alle sind zufrieden gewesen, und so ist es auch mir ergangen im Anschauen alles Herrlichen, was sie besitzen an Statuen, Gemälden, dem Schmuck ihrer Säle, Paläste und Gärten.

Monsignor Dini bemerkte in einem Brief vom 7. Mai 1611:

... die Patres (gemeint sind Jesuiten) sind seine großen Freunde; in diesem Orden gibt es Männer von großer Bedeutung, und die größten sind hier in Rom.

Die wenige Jahre zuvor gegründete Accademia dei Lincei (Akademie der Luchse) nahm ihn – sich selbst zur Ehre – als Mitglied auf.
Die Quintessenz von Galileis Aufenthalt in Rom war eine positive Antwort der Mathematiker des Collegium Romanum auf die insgeheime Frage des Kardinals Bellarmin, des Spiritus rector der römischen Inquisition, ob die Behauptungen Galileis wohl zutreffen. Die Patres bestätigten Bellarmin nach wenigen Tagen, daß die Venusphasen existieren, die Jupitermonde tatsächlich umlaufen und durch das Fernrohr als neues vortreffliches Instrument viele neue Sterne sichtbar würden. Lagalla, Professor der Philosophie der Universität Rom, berichtete begeistert über das Fernrohr, daß man von der Anhöhe des Janiculus sogar die Fenster

des Palastes des Herzogs von Attaemps in Tusculanum habe zählen und die Inschrift am Porticus des Sixtus im Lateran habe lesen können.

Galilei, der etwa zwei Monate in Rom verweilt hatte, traf auch mit Kardinal Bellarmin zusammen, wobei es offensichtlich um die Kernfrage des copernicanischen Weltbildes ging. Im Buche Josua, Kapitel 10, der Bibel steht bekanntlich:

Damals sprach Josua zu Jahwe, als Jahwe die Amoriter den Israeliten preisgab und er sprach ... Sonne steh still zu Gibeon und Mond im Tal von Ajalon! Da stand die Sonne still und der Mond blieb stehen, bis das Volk Rache nahm an seinen Feinden.

Dieser Text konnte mit dem copernicanischen System nicht vereinbart werden. Hier war der Nervus rerum der ganzen Problematik erreicht.

Galilei hielt sich in Rom hinsichtlich der Propagierung des copernicanischen Systems weitgehend zurück. Seine weite Reise schien sich dennoch gelohnt zu haben.

Im Sommer 1612 kehrte Galilei wieder nach Florenz zurück, wo im Beisein des Großherzogs Zusammenkünfte der Gelehrten abgehalten wurden. Besondere Streitpunkte waren einmal die archimedischen Sätze über das Schwimmen und Untertauchen der Körper im Wasser. Galilei erhielt den Auftrag, sich damit zu beschäftigen. Seine Untersuchungen veröffentlichte er in einer dem Großherzog gewidmeten Schrift „Discorso intorno alle cose, che stanno in sù l'aqua" (Unterredung über Körper in Wasser) bereits im August 1612 zu Florenz. Einleitend teilte er die in Rom gefundenen Umlaufzeiten der Mediceischen Sterne und einige Gedanken von Ort, Wesen und Bewegung der Sonnenflecken mit. Im übrigen vertrat er in der Hydrostatik gegenüber den Anhängern des Aristoteles den Standpunkt des Archimedes.

Galileis Himmelsbeobachtungen raubten ihm damals viel Schlaf, so daß er infolge der beibehaltenen Arbeitsintensität gelegentlich Schwächeanfälle erlitt. Als er sich einige Zeit bei seinem Freund Salviati nahe Florenz aufhielt, bekam er von Markus Welser aus Augsburg Briefe des Ingolstädter Jesuitenpaters Christoph Scheiner (Pseudonym Apelles) über dessen Beobachtungen der Sonnenflecken.

Abgesehen davon, daß damals schon berichtet wurde, daß große Sonnenflecken beim Durchgang des Sonnenlichts durch Dunst

oder Nebel mit bloßem Auge gesichtet worden seien, hat neben Thomas Harriot insbesondere Johann Fabricius aus Ostfriesland vor Galilei Anspruch auf die Priorität dieser Entdeckung. Fabricius beobachtete die Flecken im Dezember 1610 und publizierte darüber schon im Juni 1611. Er folgerte ebenso wie Galilei aus der Bewegung der Flecken die Rotation der Sonne. Scheiner gab unter dem Einfluß von Aristoteles eine falsche Deutung für die Flecken, indem er sie als kleine vor der Sonne befindliche Sterne ansah.
Galileis Meinung zu den Sonnenflecken erschien 1613 in seiner Schrift „Istoria e dimostrazione intorno alle macchie solari" (Historie und Demonstration der Sonnenflecken) bei der Accademia dei Lincei zu Rom. In diesem Werk sprach sich Galilei mit Überzeugung für die Wahrheit des copernicanischen Systems aus. Es ist interessant, daß es dennoch von höchsten kirchlichen Kreisen mit grandiosem Lob versehen wurde. Auch Kardinal Maffeo Barberini, späterer Papst Urban VIII., war begeistert. Allerdings begannen zu dieser Zeit schon Galileis Gegner und Neider mit ihren Aktivitäten. Die römischen Zensoren machten bereits eindringlich auf die Widersprüche zur Bibel aufmerksam.
Viviani schreibt über jene Zeit [B 1]:

Es war aber Galilei damit noch nicht zufrieden, daß er durch seine Spekulationen und vortrefflichen Entdeckungen die Philosophie und Astronomie in ein neues Licht gesetzt hat, sondern er war auch darauf bedacht, wie er in der Schiffahrt und Geographie einigen Nutzen schaffen möchte. Zu dem Ende nahm er das Problem sich vor, über welches in voriger Zeit die berühmtesten Astronomen ihre Köpfe vergeblich sich zerbrochen hatten, wie man nämlich zu allen Zeiten nachts und an allen Orten, es sei zu Wasser oder zu Lande, die Längengrade wissen könne. Nun sah er wohl, daß zu solchem Zweck eine genaue Kenntnis der Perioden und Bewegung der Mediceischen Sterne erfordert würde, um die Tafeln recht zu machen und die Ephemeriden auszurechnen, damit man ihre Stellungen, Konjunktionen, Verfinsterungen, Verdeckungen und andere Zufälligkeiten vorhersagen könne. Er erkannte auch, daß eine solche Kenntnis nicht anders als mit der Zeit und durch vielmalige akkurate Beobachtungen erlangt werden könne. Daher hielt er es für sein gutes Recht, seine Erfindung vorzustellen; und obgleich er innerhalb von 15 Monaten die Bewegung der Mediceischen Planeten sorgfältig beobachtet hatte und die zukünftigen Bewegungen ziemlich genau vorhersagen konnte, so wollte er doch erst durch mehrere und bessere Beobachtungen seinen ersten Entwurf immer mehr verbessern. Endlich, nachdem er bei sich befand, daß es an ihm an nichts mehr mangele, was zu einem so vortrefflichen Vorhaben sowohl in der Theorie als auch in der Praxis erfordert wird, so trug er dieses A. 1615 (richtig ist wohl 1612) dem Großherzog vor, welcher sowohl die Wichtigkeit des Problems, als auch dessen großen Nutzen wohl erkannte und daher durch seinen Residenten zu Madrid dem Könige in Spanien eine Abhandlung anbot, zumal dieser König schon zuvor große Belohnung demjenigen versprochen hatte, der ein sicheres Mittel erfinden würde, nach der Länge ebenso leicht zu segeln, als es bisher nach der Breite gegangen war ...

Um diese Zeit machten die drei Kometen, die sich A. 1618 sehen ließen und unter welchen der im Zeichen des Skorpions der allerkenntlichste gewesen ist und am längsten gestanden hat, allen großen Geistern in Europa genug zu schaffen, darunter auch Galilei. Obgleich er bei seiner damaligen langen und gefährlichen Krankheit wenig Beobachtungen hatte machen können, machte er dennoch auf Anhalten des Erzherzogs Leopoldo, welcher sich eben damals zu Florenz aufhielt und ihn auf seinem Krankenbette mit einer Visite beehrte, seine Reflexionen darüber und teilte dieselben seinen Freunden mit. Daher fügte Mario Guiducci, einer von seinen besten Freunden, die Meinung der alten und neuen Philosophen nebst des Galilei Mutmaßungen zusammen und gab A. 1619 zu Florenz eine Abhandlung von den Kometen heraus. Hierin widerlegte er unter anderem als ein freimütiger Philosoph etliche Meinungen des bei dem Collegium Romanum bestellten Mathematicus P. Orazio Grassi, welche kurz vorher in einer Disputation über die ... bemeldeten Kometen behauptet worden waren. Dieses nun gab Gelegenheit zu allen in dieser Materie entstandenen Kontroversen und zu allen Verdrießlichkeiten, welche nach dieser Zeit Galilei bis an sein Ende hat ausstehen müssen. Denn der erwähnte Mathematicus, weil er wider die Pflicht eines Philosophen darüber mißvergnügt wurde, daß man seine Vorstellungen für irrtümlich angenommen hatte, oder auch, weil er die so glücklich ersonnene Meinung des Galilei beneidete, gab bald hernach seine „Libra astronomica ac philosophica" (Die astronomische und philosophische Waage) unter dem erdichteten Namen Lotario Sarsi ... heraus, worin er den Guiducci sehr unhöflich traktierte und auch den Galilei heftig anzapfte. Dadurch wurde dann dieser genötigt, in einem Traktat unter dem Titel „Saggiatore" zu antworten, welcher in Form eines Briefes an Virginio Cesarini geschrieben und A. 1623 von den Mitgliedern der Lincei-Akademie zu Rom zum Druck befördert und Papst Urban VIII. gewidmet worden ist. Gewißlich, man ist des Galilei Verfolgern und Rivalen großen Dank schuldig, indem sie dem Galilei so viele nützliche und gründliche Spekulationen und Schriften abgenötigt haben, deren wir sonst würden beraubt geblieben sein.

Jedoch ist auch dieses nicht zu leugnen, daß die Verleumdungen und der Widerspruch seiner Feinde ihn sehr gehindert haben, seine vornehmsten Werke zu vollenden und herauszugeben. Daher hat er nicht eher als A. 1632 seinen „Dialog von den beiden Systemen, dem ptolemäischen und copernicanischen" herausgegeben. An diesem hatte er doch von dem ersten Anfang seiner Profession zu Padua beständig gearbeitet, und dieses Werk hatte er besonders (auf die tägliche und jährliche Bewegung der Erde, wie auch) auf die Ebbe und Flut des Meeres gegründet. Denn nachdem er zu Venedig mit Francesco Sagredo, einem sehr scharfsinnigen Manne, und anderen Vornehmen von Adel, welche oft zusammenkamen, die schweren Probleme über den Bau des Universums und über den Hin- und Herfluß des Meeres aufs genaueste untersucht hatte, so schrieb er A. 1616, als er zu Rom war, auf Begehren des Kardinals Orsini darüber einen langen Diskurs, welchen er an diesen Kardinal richtete. Doch diese Schrift blieb nur in den Händen guter Freunde, bis er deren Inhalt seinem Werke „De systemate mundi" einverleibte und alle diejenigen Betrachtungen, jedoch ohne Entscheidung, vorstellte, welche ihm zum Beweis der copernicanischen Meinung in den Sinn gekommen waren, wiewohl er auch nichts ausließ, was sonst zur Verteidigung des ptolemäischen Systems angeführt zu werden pflegt. Dies alles trug er auf Begehren vornehmer Herren zusammen, und führte es aus in einem Dialog nach dem Exempel des Platon, indem er den gedachten Herrn Sagredo und Herrn Filippo Salviati, welche von so lebhaftem Geiste als freiem Gemüte sind und seine vertrautesten Freunde waren, miteinander redend einführte.

Zur Richtigstellung Vivianis müssen wir anfügen, daß Galilei in seiner Schrift „Il Saggiatore" (Der Goldwäger) vom Jahre 1623 die drei 1618 erschienenen Kometen nicht als Himmelskörper, sondern als Dünste und Exhalationen der Erde im Sinne von Nordlichtern gedeutet hat. In diesem Fall war der Jesuitenpater Grassi, der im Collegium Romanum die Kometen als eigentliche Himmelskörper darstellte, durchaus im Recht.

Zur gleichen Zeit schätzte auch Baliani die Kometen als möglicherweise mit den Planeten verwandte Himmelskörper ein. Bezeichnend für die Arroganz und Angriffslust Galileis ist das folgende Zitat aus seinem „Goldwäger": „Dagegen ist nun nichts zu machen, Herr Sarsi (Pseudonym für Pater Grassi), daß es mir allein vergönnt ist, alles Neue am Himmel zu entdecken, und niemand anderem auch nur etwas." Offensichtlich hat sich Galilei entgegen seinem eigentlichen methodischen Verhalten hier aus reiner Streitlust in einen beachtlichen wissenschaftlichen Irrtum hineingesteigert.

Pater Grassi hatte seinerseits in seiner polemischen Schrift „Die astronomische und philosophische Waage", die als Antwort auf die bereits erwähnte Abhandlung von Guiducci, hinter dem Galilei gestanden hatte, erschienen war, die Gelegenheit genutzt, die Priorität aller Entdeckungen und Erfindungen Galileis zu bestreiten und ihm die immer noch vorhandene Anhängerschaft an den Copernicanismus vorzuwerfen. Damit war durch die harmlose Kometenpolemik der schwelende ideologische Konflikt wiederum zu einem Politikum ersten Ranges entfacht worden.

Trotz des Irrtums Galileis im „Goldwäger" bezüglich der Kometenfrage ist diese Abhandlung sehr bedeutsam, weil darin die Grundlagen der neuen, der aristotelischen Physik diametral entgegengesetzten wissenschaftlichen Erkenntnismethode dargelegt werden. Es findet sich darin die wichtige Aussage, daß Messen und Mathematik das Fundament der Naturwissenschaft bilden. Von der Bewegung der Erde wird darin nicht gesprochen.

Im „Goldwäger“ wendet sich Galilei auch mit Entschiedenheit gegen das Mystische in der Naturwissenschaft:

> Sympathie, Antipathie, verborgene Eigenschaften, Einflüsse und andere Ausdrücke werden von gewissen Philosophen als Deckmantel für die richtige Antwort gebraucht, die lauten müßte: Ich weiß es nicht. Eine solche Antwort ist so viel erträglicher als die andere, wie fleckenlose Ehrlichkeit schöner ist als irreführende Doppeldeutigkeit.

Vermutlich ist in dieser an sich richtigen Einstellung ein Grund mit dafür zu sehen, daß er Kepler, der vom Mystizismus stark beeinflußt war, aber dennoch Großes leistete, zu seinem eigenen Nachteil nicht die gebührende Aufmerksamkeit geschenkt hat.

Im „Goldwäger“ findet sich auch noch ein anderer höchst bemerkenswerter Gedanke Galileis, nämlich über die Unzerstörbarkeit des Stoffes:

> Ich habe nirgends eine solche Umwandlung von Stoffen in andere feststellen können, bei der ein Körper offensichtlich vernichtet wird und aus ihm ein anderer, vom ersten völlig verschiedener Körper entsteht. Ich halte es für möglich, daß sich die Umwandlung einfach auf die Veränderung der wechselseitigen Anordnung der Teile reduziert, wobei nichts Neues entsteht und nichts vernichtet wird.

In jenen Jahren verstärkte sich, durch Galileis Eitelkeit und Rechthaberei noch beschleunigt, die Borniertheit und Feindseligkeit seiner Gegner immer mehr. Sein Schritt von der bürgerlichen Freiheit der Republik Venedig in die feudale Umgebung des Hofes zu Florenz entsprang offensichtlich einer Fehleinschätzung Galileis, die aus seiner Mentalität resultierte. Höfische Verpflichtungen und ständige Fehden, insbesondere in den Jahren des sich anbahnenden ernsten Konflikts mit der Kirche um 1616, raubten ihm viel Kraft und Zeit, die er für seine Wissenschaft durch den Weggang von Padua erhofft hatte. Dabei darf allerdings auch nicht übersehen werden, daß in Florenz sein Alter bereits relativ fortgeschritten war und es auch um seine Gesundheit nicht mehr zum besten stand.

Mit dem in der Florentiner Zeit Galileis entstandenen „Dialogo“ wollen wir uns später gesondert befassen, da wir auf die ideologischen Auseinandersetzungen Galileis mit der Kirche genauer eingehen müssen.

Galileis ideologischer Konflikt mit der kirchlichen Obrigkeit

Ermahnung durch die Inquisition (1616)

Wie schon erwähnt wurde, schlugen die Wogen der Begeisterung hoch, als Galilei im Frühjahr 1611 in Rom seine am nächtlichen Himmel gemachten und inzwischen von Jesuitenpatres bestätigten Entdeckungen prominenten Interessenten vorführte. Die kirchlichen Aufsichtsbehörden waren trotz der Zurückhaltung Galileis hinsichtlich der sich anbahnenden Interpretationen hellhörig geworden. Jedenfalls äußerte schon damals der Kardinal Bellarmin vom Heiligen Offizium (Inquisitionsbehörde) gegenüber dem Gesandten des Großherzogs von Toskana:

> Groß sei die Rücksicht, die man allem schulde, was die durchlauchtigsten Hoheiten angehe. Wenn jedoch Galileis Treiben hier zu weit gehe, so würde man nicht umhin können, ihn zur Rechenschaft zu ziehen.

Auch darf nicht übersehen werden, daß der Florentiner Mönch Sizi 1611 zu Venedig eine Schrift gegen die „Sternenbotschaft" Galileis mit einer theologischen Gegenargumentation publiziert hatte, die zwar selbst von den Jesuiten verlacht wurde, aber doch als ein erstes Fanal der Gegenkräfte aufgefaßt werden muß. In diese prekär gewordene Situation paßt auch die gegen den Paduaner Philosophieprofessor Cremonini im Jahre 1611 eingeleitete Untersuchung der Inquisition hinein.

Völlig geblendet von dem Glanz der Bühne, auf der er sich bewegt hatte, merkte Galilei nicht, was sich hinter den Kulissen abspielte, hörte aber auch nicht auf die mahnenden Worte einsichtiger Freunde. Aber bald sollte er verstehen, wie die ideologischen Fronten standen:

Unter dem Vorsitz des Florentiner Erzbischofs Marzio de' Medici wurde beraten, wie man Galilei beikommen könne.

Galilei erfuhr davon und erkundigte sich bei dem ihm freundlich gesinnten Kardinal Conti in Rom über die Stellung der Kirche zur neuen Lehre. Die Antwort vom 7. Juli 1612 war ermutigend.

Nun geschah es, daß bei einem Gastmahl, veranstaltet vom großherzoglichen Hof in Pisa, der Physiker Boscaglia seine ernsten

Bedenken gegen die copernicanische Lehre gegenüber der Großherzogin-Mutter Christine von Lothringen vorbrachte. Der in der Diskussion stark engagierte Professor Castelli wurde gebeten, Galileis Stellungnahme einzuholen. So sah sich Galilei veranlaßt, am 21. Dezember 1613 an seinen ehemaligen Schüler, den Benediktinerpater Castelli, einen folgenreichen Brief zu schreiben, in dem er zur Rechtfertigung der copernicanischen Lehre auf seine Weise die Bibel auslegte und damit in die Kompetenz der Theologen eingriff. Der Brief wurde nicht ohne eigenes und fremdes Zutun in weiten Kreisen bekannt und erregte Aufsehen. Das gleiche gilt von seinem im gleichen Jahre gedruckten und von uns schon erwähnten Werk über die Sonnenflecken, in dem er in ausführlicher Darlegung und für alle Gebildeten Italiens verständlich in seiner Muttersprache die copernicanische Lehre propagiert hatte.

Und so nahm das Schicksal seinen Lauf. Am 4. Adventsonntag des Jahres 1614 griff der Dominikanerpater Caccini in der Kirche Santa Maria Novella in Florenz Galilei von der Kanzel herab an. In witziger Form begann er: „Ihr galileischen Männer, was steht Ihr da und starrt den Himmel an." Sodann erklärte er, daß die katholische Lehre mit der Bewegung der Erde unvereinbar sei, wobei er sich auf Copernicus bezog, der schon beim ersten Angriff von der Kanzel von Pater Lorini im November 1612 zitiert worden war („ein gewisser Ipernico oder wie er sich schreibt"). Galilei stellte er als Ketzer und die Mathematik als das Werk des Teufels dar.

Die nächste Folge war eine auf den an Castelli gerichteten Brief Galileis bezugnehmende Anzeige des Dominikanerpaters Lorini beim Kardinalsekretär der römischen Inquisition, der am 25. 2. 1615 das Vorgehen gegen Galilei einleitete.

Am 19. März 1615 wurde Caccini vorgeladen und brachte seine Beschuldigungen gegen Galilei vor. Den dadurch beunruhigten Galilei ermunterten seine Freunde, insbesondere Ciampoli und Dini, aus Rom. In dem Briefverkehr zwischen Dini, Ciampoli und Galilei ging es in erster Linie um Auslegungen von Bibeltexten. Pater Dini teilte am 16. Mai 1615 mit, daß an eine Verurteilung des copernicanischen Systems nicht zu denken sei. Allerdings heißt es in diesem Brief auch [B 2]:

Die Erklärung der Sonne lasse ich niemanden sehen, der nicht mit Euch ist, weil es noch nicht scheint, daß die Notwendigkeit der Erdbewegung den rechten Anklang findet.

Um diese Zeit verfaßte Galilei einen berühmt gewordenen, wiederum aber für ihn gefährlichen Brief an die Großherzogin-Mutter Christine von Lothringen [B 2], in dem er noch einmal und ausführlicher als in dem Brief an Castelli seine Ansichten über die Heilige Schrift tangierende Fragen darlegte und für eine Trennung von Theologie und Naturwissenschaft eintrat:

Warum darf eigentlich jeder, der nichts davon versteht, gegen den Copernicus predigen, während es mir versagt wird, für ihn zu sprechen.

Im selben Brief schrieb er weiter:

Wenn auch nicht zu bezweifeln ist, daß der Papst bezüglich dieser und anderer Lehrsätze, ..., stets die absolute Macht behält, sie zuzulassen oder sie zu verurteilen, so liegt es bereits nicht in der Macht irgendeines geschaffenen Wesens, sie wahr oder falsch sein zu lassen ...

Der Dominikanerpater Lorini war es auch, der den Schülerkreis um Galilei als Freidenker sowie den Meister selbst als Verführer denunzierte und damit bei Schwankenden eine Atmosphäre des Risikos und der Unsicherheit schuf. Diesem Umstand ist es sicherlich mit zuzuschreiben, daß für Galilei das folgende Jahrzehnt eine Zeit der relativen Einsamkeit wurde.

Im Dezember 1615 reiste Galilei, durch Gerüchte beunruhigt, ein weiteres Mal nach Rom, um durch mündliche Aussprachen mit den maßgeblichen kirchlichen Behörden den Folgen des von Caccini in Florenz inszenierten öffentlichen Skandals entgegenzuwirken. Der toskanische Gesandte in Rom war über den angekündigten neuerlichen Besuch Galileis recht mißvergnügt, denn er schrieb am 5. 12. 1615 an seinen vorgesetzten Staatssekretär in Florenz:

Ich weiß nicht, ob er in bezug auf Lehre und Temperament sich verändert hat, aber ich weiß, daß einige Brüder des heiligen Dominicus, die Anteil am Heiligen Offizium haben, und andere ihm übel gesinnt sind, und dies ist kein Land, um über den Mond zu diskutieren oder namentlich in diesem Zeitalter neue Lehren vertreten oder einführen zu wollen.

Immerhin erreichte Galilei eine Entschuldigung Caccinis. Sein freiwilliges Erscheinen in Rom machte auf den Papst Paul V. (Pontifikat 1605–1621) einen günstigen Eindruck. Die Inquisitionsbehörde hielt es aber für geraten, über zwei von ihr für einen eventuellen Anklagefall als wesentlich angesehene Thesen der

Copernicaner am 19. Februar 1616 ein Gutachten anzufordern. Die Thesen lauteten [B 2]:

1. Die Sonne ist der Mittelpunkt der Welt und besitzt keinerlei örtliche Bewegung.
2. Die Erde ist nicht der Mittelpunkt der Welt und nicht unbeweglich, sondern bewegt sich als Ganzes sowie in täglicher Umdrehung um sich selbst.

Bereits am 24. Februar 1616 wurde das von den elf Qualifikatoren des Heiligen Offiziums erstellte Gutachten veröffentlicht:
Es besagte zur ersten These, daß sie philosophisch töricht und absurd, außerdem formell ketzerisch sei, da sie ausdrücklich den an vielen Stellen der Heiligen Schrift sich findenden Lehren sowohl hinsichtlich des Wortlautes als auch hinsichtlich der übereinstimmenden Auslegung und Sinnesdeutung seitens der heiligen Väter und der Doktoren der Theologie widerspricht,
Zur zweiten These stellte das Gutachten fest, daß sie philosophisch ebenso zu beurteilen sei. Hinsichtlich der theologischen Wahrheit sei sie mindestens irrig im Glauben.
Auf Grund dieses Gutachtens gab Papst Paul V. über Kardinal Mellini dem Heiligen Offizium am 25. Februar 1616 die Weisung [B 3],

den genannten Herrn Galilei vor sich zu rufen und denselben zu ermahnen, die gedachte Meinung aufzugeben; falls er sich zu gehorchen weigern würde, soll ihm der Pater Kommissär in Gegenwart von Notar und Zeugen den Befehl erteilen, daß er ganz und gar sich enthalte, eine solche Lehre und Meinung zu lehren, zu verteidigen oder auf Erörterungen über dieselben einzugehen; wenn er sich aber dabei nicht beruhige, so sei er einzukerkern.

Galileis Anwesenheit in Rom machte den Vollzug des päpstlichen Auftrages bereits am folgenden Tag möglich.
Wie eine umstrittene Eintragung im Protokollbuch vom 26. Februar 1616, auf die wir bei der Behandlung des Prozesses noch einmal zurückkommen müssen, ausweist, soll die Ermahnung durch Kardinal Bellarmin in dessen Privatgemächern in Gegenwart des Generalkommissars des Heiligen Offiziums erfolgt sein. Dabei wurde gemäß Protokoll ihm

befohlen und verordnet, daß er die oben genannte Meinung, die Sonne sei das Zentrum der Welt und unbeweglich, ... in keiner Weise mehr festhalte, lehre oder verteidige, durch Wort und Schrift, widrigenfalls im Heiligen Offizium gegen ihn vorgegangen würde, bei welchem Befehle sich derselbe Galilei beruhigte und zu gehorchen versprach.

Fest steht, daß sich Galilei beruhigt zu haben schien, also keine Weigerung zu gehorchen vorlag. Deshalb gab es gemäß der Weisung vom 25. Februar 1616 keinen Grund, ihm über die Ermahnung hinaus in Gegenwart von Notar und Zeugen einen weitergehenden Befehl zu erteilen. Falls die von den Galileiforschern bis in die jüngste Zeit umstrittene Protokolleintragung vom 26. Februar 1616 echt ist, also nicht nachträglich auf einer angeblich frei gebliebenen Seite fabriziert worden war, wie manche Autoren, die auch auf angebliche Inkorrektheiten in der Unterschriftenprozedur hinweisen und eine andere Handschrift vermuten, behaupten, so ist Bellarmin über die Weisung des Papstes offensichtlich hinausgegangen.

Man beachte, daß die Protokollierung vom 26. Februar 1616 von einem Galilei erteilten Befehl spricht und die Formulierung „in keiner Weise ... lehre ..." enthält, Punkte, die in der Auseinandersetzung um die Rechtmäßigkeit der Verurteilung eine große Rolle spielten.

Am 3. März 1616 fand eine Inquisitionssitzung unter dem Vorsitz des Papstes statt, in der Bellarmin über die Ausführung seines Auftrages berichtete.

Galilei ließ sich für den Notfall ein von Kardinal Bellarmin am 26. Mai 1616 unterzeichnetes Leumundszeugnis ausstellen [B 3]:

Wir, Robert Cardinal Bellarmin, da wir vernommen, daß dem Herrn Galileo Galilei verleumderisch angedichtet worden sei, in unsere Hand abgeschworen und infolgedessen heilsame Buße erlitten zu haben, erklären, um Bezeugung der Wahrheit ersucht, hiermit, daß obgenannter Herr Galileo Galilei weder in unsere noch in eines anderen Hand, in Rom so wenig wie an einem anderen Ort, soviel wir wissen, irgendeine seiner Meinungen oder Lehren abgeschworen hat, noch irgendeine heilsame Buße auferlegt erhalten hat, sondern nur, daß ihm die von unserem Herrn abgegebene und von der Heiligen Indexkongregation publizierte Erklärung mitgeteilt worden ist, laut welcher die dem Copernicus zugeschriebene Lehre, daß die Erde sich um die Sonne bewege und die Sonne im Zentrum der Welt stehe, ohne sich von Ost nach West zu bewegen, der Heiligen Schrift zuwider ist, und deshalb weder verteidigt noch für wahr gehalten werden dürfe. Und zur Beglaubigung dessen haben wir Gegenwärtiges eigenhändig geschrieben und unterzeichnet: am 26. Mai 1616.

Im großen Inquisitionsprozeß 16 Jahre später, als Galilei dieses Zeugnis als Entlastungsdokument vorbrachte, wurde es eher als eine Belastung behandelt, da in ihm noch einmal schriftlich festgehalten sei, daß die copernicanische Lehre der Heiligen Schrift zuwider ist.

Auf Grund des gleichen oben erwähnten theologischen Gutachtens veröffentlichte die Indexkongregation das Dekret vom 5. März 1616 über das Verbot der copernicanischen Lehre. Der Erlaß desselben war Galilei bereits bei seiner Ermahnung durch Bellarmin mitgeteilt worden. In dem Dekret heißt es [B 3]:

> ... Und weil es auch zur Kenntnis der genannten Kongregation gekommen ist, daß jene falsche, der Heiligen Schrift geradezu widersprechende pythagoreische Lehre von der Beweglichkeit der Erde und der Unbeweglichkeit der Sonne, welche Nicolaus Copernicus in seinem Werke „Von den Bewegungen der Himmelskörper“ und Diego von Stunica in der Erklärung zum Buche Job vorgetragen haben, schon sich ausbreite und von vielen angenommen werde, wie man aus dem gedruckten Briefe eines Karmeliterpaters sehen kann, in welchem der genannte Pater zu zeigen sucht, daß die erwähnte Lehre von der Unbeweglichkeit der Sonne im Zentrum der Welt wahr sei und der Heiligen Schrift nicht widerspreche; so glaubt sie, damit eine derartige Meinung nicht zum Schaden der katholischen Wahrheit weiter um sich greife, das Buch des Nicolaus Copernicus „Von den Bewegungen der Himmelskörper“ und jenes des Diego von Stunica zu Job so lange suspendieren zu müssen, bis sie korrigiert werden, das Buch des Karmeliterpaters Paul Anton Foscarini aber gänzlich zu verbieten und zu verdammen, und ebenso alle anderen Bücher, die dasselbe lehren, zu verbieten, wie sie denn auch durch das gegenwärtige Dekret alle beziehungsweise verbietet, verdammt und suspendiert ...

Johannes Kepler mißbilligte das Verbot der ursprünglichen Copernicus-Ausgabe, doch kritisierte er auch „die Unvorsichtigkeit gewisser Leute, welche die astronomischen Fragen an unrechter Stelle und in unpassender Weise behandeln“. Er meinte damit zweifellos Galilei.

Vier Jahre später stand eine revidierte Ausgabe des copernicanischen Werkes auf dem Büchermarkt in Rom: Als mathematische Hypothese dargestellt, war das heliozentrische System zu verbreiten erlaubt. In erster Linie war das ein Zugeständnis an die Praxis, die auf eine immer bessere Beherrschung des Kalenders drängte.

Wenn Galilei damals so glimpflich mit einer Ermahnung davonkam, so hatte er das glücklichen Umständen zu verdanken:

Er erfreute sich einer günstigen Meinung des Papstes Paul V. hinsichtlich der Treue seiner katholischen Gesinnung und seiner Unterwürfigkeit gegenüber der Kirche, die nicht zuletzt dadurch erwiesen schien, daß er freiwillig nach Rom gekommen war, um die Meinung der Oberen zu hören. Am 13. März 1616 hatte der

Galileo Galilei: „Ich glaube, daß es in der Welt keinen größeren Haß gibt als den der Unwissenheit gegen das Wissen." [B 16]

3 Galileo Galilei im Alter von 60 Jahren. Nach einem Kupferstich von Ottavio Leoni 1624 (Deutsches Museum München)

Papst Galilei sogar in einer langen wohlwollenden Audienz empfangen. Nach Galileis eigener Schilderung habe ihm dabei der Heilige Vater versichert, daß er keiner Gefahr ausgesetzt sei, solange dessen Pontifikat bestehe.

Unter den mächtigsten Kirchenfürsten in Rom hatte er freundlich gesinnte Bewunderer seiner wissenschaftlichen Leistungen, so die Kardinäle Maffeo Barberini, Alexander Orsini und Francesco Maria del Monte. Seine Gegner waren zahlreich, aber weniger einflußreiche Theologen und Philosophen. Die hohe Politik des

Kirchenstaates gestattete zu diesem Zeitpunkt offenbar keine Störung der gutnachbarlichen Beziehungen zu Toskana, die zu erwarten gewesen wäre, wenn die Inquisition den berühmten Gelehrten und Schützling des Großherzogs verurteilt hätte.

In allzu optimistischer Beurteilung der durch das Dekret geschaffenen Lage blieb Galilei noch mehrere Monate in Rom und war erst durch einen ziemlich energischen Brief des großherzoglichen Staatssekretärs zu bewegen, nach Florenz zurückzukehren [B 2]:

Ihr habt die Verfolgungen der Mönche erprobt, und wißt, wie sie schmecken. Ihre Hoheiten fürchten, daß Euer längeres Verweilen in Rom Euch Unannehmlichkeiten verursachen könne, und deshalb würden sie es loben, da Ihr bis jetzt mit Ehren daraus hervorgegangen seid, daß Ihr den Hund nicht weiter stachelt, solange er schläft, und daß Ihr sobald als möglich hierher zurückkehrt, denn es gehen Gerüchte um, die nicht erwünscht sind, und die Mönche sind allmächtig.

Verteidigung der copernicanischen Lehre im „Dialogo“ (1632)

Am 6. August des Jahres 1623 bestieg Kardinal Maffeo Barberini als Urban VIII. (Pontifikat 1623–1644) den Heiligen Stuhl. Galilei hielt mit seinen Freunden Zeit und Umstände für günstig, die Aufhebung des Dekrets vom 5. März 1616 zu erwirken. Barberini hatte wiederholt wohlwollendes Interesse für die astronomischen Beobachtungen Galileis gezeigt und ihn durch anerkennende Briefe und eine schwungvolle Ode zu seinen Erfolgen beglückwünscht. Als Papst billigte er sogar Galileis „Goldwäger“ (1623). Obwohl darin mit den Jesuiten-Patres nicht sehr glimpflich umgegangen worden war, akzeptierte er auch die ihm angetragene Widmung. An den Fürsten Cesi schrieb nun Galilei, durch diese neue Situation in große Hoffnungen versetzt: „Jetzt oder nie müssen sich unsere Wünsche bei solcher Gunst der Verhältnisse verwirklichen lassen.“

Im Frühjahr des Jahres 1624 reiste Galilei erneut nach Rom und hatte nicht weniger als sechs lange Audienzen beim Papst. Man darf annehmen, daß bei dieser Gelegenheit das anstehende Problem von allen Seiten gründlich beleuchtet und durchleuchtet wurde. Es gelang allerdings keinem eine Bekehrung der Gegenseite. Einstweilen stand jedoch Galilei beim Papst noch in Gnade. Als er von Rom Abschied nahm, erhielt er wertvolle Geschenke. In einem Breve an den Großherzog schrieb der Papst:

Wir haben in ihm nicht nur den Glanz der Gelehrsamkeit wahrgenommen, sondern auch den Eifer der Frömmigkeit, und er ist reich an solchem Wissen, daß unser päpstliches Wohlwollen leicht erworben wird.

Zum Verständnis der Rolle, die der „Dialogo" als Corpus delicti im Konflikt Galileis mit seiner Kirche gespielt hat, genügt hier der Hinweis, daß Galilei nach dem Scheitern aller anderen Bemühungen sich entschlossen hatte, für die Gebildeten Italiens das Für und Wider der beiden Weltsysteme, des ptolemäischen und des copernicanischen, in aller Breite darzulegen. Diese Kreise sollten zu eigener Urteilsbildung angeregt werden und als Gegengewicht zu den Theologen und Philosophen wirksam werden, die das Neue aus Prinzip ablehnten.
Zu diesem Zweck schrieb Galilei, die von Platon angewandte methodische Darstellung in Form einer Diskussion zwischen Vertretern verschiedener Meinung übernehmend, das unter der Kurzbezeichnung „Dialogo" bekannt gewordene Werk in italienischer Sprache, dem man nachrühmt, daß es nicht nur ein astronomisch-physikalisches, sondern auch ein sprachliches Kunstwerk sei. Das Manuskript war Ende des Jahres 1629 im wesentlichen fertiggestellt, doch verzögerten äußere Umstände, nicht zuletzt langwierige Verhandlungen Galileis mit den Zensurbehörden in Rom, wohin er im Mai 1630 selbst gereist war, seine Drucklegung. Da der Papst ihm am 18. Mai eine Audienz gab, schöpfte er neuen Mut. Außerdem war glücklicherweise Pater Riccardi, ein Freund Galileis, mit der Zensur beauftragt. Riccardi billigte nach Konsultation des Mathematikprofessors Visconti schließlich den Druck für Rom, falls einige Bogen nach dem Druck noch einmal zur Überprüfung eingereicht und Vorrede und Schluß des „Dialogo" von der Zensurbehörde im Sinne des Dekrets von 1616 abgefaßt würden.
Ende Juni 1630 nach Florenz zurückgekehrt, erhielt Galilei, offensichtlich durch des Papstes Eingreifen, lange keine Nachricht aus Rom, so daß er um die Druckgenehmigung in Florenz nachsuchte. Riccardi bat die Zensurbehörde von Florenz um eine erneute Überprüfung und Entscheidung. Vorrede und

Schluß sollten aber auf alle Fälle noch einmal nach Rom. Dem Galilei war das ständige Hinhalten schließlich über, und er begann in Florenz mit dem Druck. Durch eifrige Fürsprache des toskanischen Gesandten gedrängt, gab Riccardi schließlich am 24. Mai 1631 eine Stellungnahme an den Inquisitor ab. Am 19. Juli 1631 wurde Galilei endlich die Vorrede mit der Bemerkung zugestellt, daß der Schluß die gleiche Begründung aufweisen müsse. Wegen der fortgeschrittenen Drucklegung wurde die Vorrede, in größeren Typen gesetzt, auf einem besonderen Bogen zugefügt. Am 22. Februar 1632 konnte Galilei das erste Exemplar des „Dialogo", mit dem Imprimatur für Rom und Florenz versehen, seinem Landesfürsten überreichen.

Galilei hatte das Zaudern der Kirchenbehörden durch seine Tat beantwortet. Den Auftrag der Zensurbehörde hatte er auf seine Weise erfüllt, wie ein Blick auf seine geschickten, mit Ironie gespickten Formulierungen in der Vorrede zeigt [A 7]:

An den geneigten Leser. In den letzten Jahren erließ man in Rom ein heilsames Edikt, welches den gefährlichen Ärgernissen der Gegenwart begegnen sollte und der pythagoreischen Ansicht, daß die Erde sich bewege, rechtzeitiges Schweigen auferlegte. Es fehlte nicht an Stimmen, welche in den Tag hinein behaupteten, jener Beschluß verdanke seine Entstehung nicht einer sachverständigen Prüfung, sondern sei hervorgegangen aus Parteileidenschaft, der nicht genügende Kenntnisse zur Seite stünden. Es wurden Klagen laut, daß Konsultoren, welche mit dem Stande der astronomischen Wissenschaft völlig unbekannt seien, durch ein plötzliches Verbot den forschenden Geistern die Flügel nicht hätten stutzen sollen. Unmöglich konnte mein Eifer beim Anhören so leichtfertiger Beschwerden stille bleiben. Wohlvertraut mit jenem so weisen Beschlusse entschied ich mich dafür, auf der Schaubühne der Welt als Zeuge aufrichtiger Wahrheit aufzutreten. Ich war damals in Rom anwesend; ich hatte die höchsten geistlichen Würdenträger des dortigen Hofes nicht nur zu Zuhörern, sondern fand auch ihren Beifall. So erfolgte denn die Veröffentlichung jenes Dekrets nicht, ohne daß man mich vorher einigermaßen davon in Kenntnis gesetzt hat. Darum ist meine Absicht, in vorliegender mühevoller Arbeit den fremden Nationen zu beweisen, daß man in Italien und insbesondere in Rom über diese Materie ebensoviel weiß, als nur immer die Forschung des Auslandes darüber ermittelt haben mag. Durch Zusammenstellung aller eigenen Untersuchungen über das copernicanische System will ich zeigen, daß die Erkenntnis von alle dem der römischen Zensur voranging, daß mithin dieser Himmelsstrich nicht nur die Heimat der Dogmen für das Seelenheil ist, sondern daß auch die scharfsinnigen Entdeckungen zur Vergnügung der Geister von ihm ausgehen.

Zu diesem Zwecke habe ich im Laufe der Unterredung die Partei des Copernicus ergriffen, wobei ich von seinem System ganz nach mathematischer Weise als von einer Voraussetzung ausgehe und mit Hilfe aller möglichen Kunstgriffe nachzuweisen suche, daß dieses System dem von der Unbewegtheit der Erde zwar nicht schlechthin überlegen ist, wohl aber in Ansehung der Gegengründe, die von den zünftigen Peripatetikern vorgebracht werden. Diese Leute geben sich zufrieden, im Widerspruch mit ihrem Namen, Gespenster zu verehren, ohne umherzuwandeln; sie suchen nicht vermöge eigenen Nachdenkens die Wahrheit zu erforschen, sondern einzig und allein mittels der Erinnerung an vier mißverstandene Prinzipien.

Drei Hauptpunkte werden erörtert werden. Zuerst werde ich zu beweisen suchen, daß alle auf Erden anstellbaren Versuche ungenügende Mittel sind, um deren Bewegung darzutun, daß solche vielmehr unterschiedslos ebenso mit der Bewegung wie mit der Ruhe der Erde vereinbar sind; bei diesem Anlaß werden, wie ich hoffe, viele dem Altertum unbekannte Beobachtungen zur Sprache kommen. Zweitens werden die Himmelserscheinungen einer Prüfung unterzogen werden, welche so sehr zu Gunsten der copernicanischen Annahme ausfällt, als ob diese durchaus siegreich daraus hervorgehen sollte; dabei werden neue Forschungen vorgeführt werden, die als astronomische Hilfsmittel zu betrachten sind, nicht aber als tatsächlich gültige Naturgesetze. Drittens werde ich eine geistreiche Phantasie zur Sprache bringen. Ich habe vor vielen Jahren einmal ausgesprochen, daß auf das dunkle Problem von Ebbe und Flut einiges Licht fallen könnte, sobald man die Bewegung der Erde einräumen wollte. Dieser mein Ausspruch verbreitete sich von Mund zu Mund, und es fanden sich barmherzige Pflegeväter, welche die arme Waise als Kind ihres eigenen Geistes annahmen. Damit nun nicht dereinst ein Fremder, mit unseren eigenen Waffen kämpfend, vor uns hintrete und uns schelte wegen der geringen Aufmerksamkeit, die wir einer so wichtigen Naturerscheinung gewidmet hätten, habe ich es für richtig gehalten, die Gründe darzulegen, welche die Sache plausibel machen, unter der Annahme, daß die Erde sich bewege. Diese Untersuchungen werden hoffentlich der Welt beweisen, daß andere Nationen zwar in größerem Umfange Schiffahrt betreiben mögen, daß wir ihnen aber in wissenschaftlicher Forschung nichts nachgeben; daß, wenn wir uns bescheiden, die Unbeweglichkeit der Erde zu behaupten und die gegenteilige Annahme nur als eine mathematische Grille betrachten, dies nicht aus Unkenntnis der Ideen anderer geschieht; daß wir vielmehr, von anderem abgesehen, dies aus den Gründen tun, welche die Frömmigkeit, die Religion, die Erkenntnis der göttlichen Allmacht und das Bewußtsein von der Unzulänglichkeit des Menschengeistes uns an die Hand geben. Ich dachte weiter, es sei von großem Vorteil, diese Gedanken in Form eines Gesprächs zu entwickeln, weil ein solches nicht an die strenge Innehaltung der mathematischen Gesetze gebunden ist und hier und da zu Abschweifungen Gelegenheit bietet, die nicht minder interessant sind als der Hauptgegenstand.

Ich besuchte vor vielen Jahren des öfteren die Wunderstadt Venedig und verkehrte daselbst mit dem Signore Giovan Francesco Sagredo, einem Manne von vornehmer Abkunft und ausgezeichnetem Scharfsinn. Eben dahin kam aus Florenz Signore Filippo Salviati, dessen geringster Ruhm sein edles Blut und sein glänzender Reichtum war; ein erhabener Geist, der nach keinem Genusse mehr trachtete, als nach dem des Forschens und Denkens.

Mit diesen beiden unterhielt ich mich oft über die erwähnten Fragen, und zwar im Beisein eines peripatetischen Philosophen, dem scheinbar nichts so sehr die Erkenntnis der Wahrheit erschwerte, als der Ruhm, den er durch seine Auslegungen des Aristoteles erworben hatte.
Jetzt, nachdem der grausame Tod den Städten Venedig und Florenz jene beiden erleuchteten Männer in der Blüte ihrer Jahre geraubt hat, habe ich versucht, soweit meine schwachen Kräfte es vermögen, sie zu ihrem Ruhme auf diesen Blättern fortleben zu lassen, indem ich sie als redende Personen an den vorliegenden Gesprächen sich beteiligen lasse. Auch der wackere Peripatetiker soll nicht fehlen; wegen seiner übermäßigen Vorliebe für die Kommentare des Simplicius schien es passend, unter Verschweigung seines wahren Namens ihm den seines Lieblingsautors zu belassen. Mögen die Seelen jener beiden großen Männer, die meinem Herzen stets verehrungswürdig bleiben werden, das öffentliche Denkmal meiner nie ersterbenden Liebe hinnehmen; möge das Andenken an ihre Beredsamkeit mir behilflich sein, der Nachwelt die versprochenen Untersuchungen klar darzulegen.
Es hatten gelegentlich allerlei Unterredungen zwischen den genannten Herren stattgefunden, die, wie es zu gehen pflegt, willkürlich herausgegriffene Punkte betrafen. Dadurch aber wurde der Durst nach Erkenntnis in ihren Geistern nur entflammt, nicht gelöscht. Sie faßten daher den klugen Entschluß, sich an einigen Tagen zusammenzufinden, um unter Ausschluß jedes anderen Geschäftes in geordneter Weise der Betrachtung und Verehrung der himmlischen und irdischen Wunderwerke Gottes obzuliegen. Als die Gesellschaft im Palaste des erlauchten S. Sagredo beisammen war, hub nach den üblichen, aber kurzen Begrüßungszeremonien S. Salviati folgendermaßen an: ...

Diese Vorrede verfaßte Galilei auf Verlangen der römischen Zensur, welche die Herausstellung des hypothetischen Charakters des copernicanischen Systems gefordert hatte. Man muß ihn bewundern, wie beispielhaft er diesem Verlangen nachgekommen ist („... wobei ich ... ganz nach mathematischer Weise als von einer Voraussetzung ausgehe ...“) und wie er es verstanden hat, emotionale nationale Gesichtspunkte mit in die Waagschale zu werfen. Natürlich ist im Grunde genommen die ganze Vorrede ein dem Galilei aufgezwungener und dem Niveau des „Dialogo“ unwürdiger Eiertanz!
Es ist offensichtlich, daß sich der Forscher Galilei in dem Salviati selbst darstellen wollte, während er Sagredo als intelligenten Laien interessante Fragen aufwerfen und die Diskussion mit fördern ließ. Wen Simplicio verkörpern sollte, verschwieg er.
Außer dem Vorwort betraf eine zweite Anweisung der Zensur für die Herausgabe des „Dialogo“ den Titel des Werkes. Wie wir später darlegen werden, behandelt der „Dialogo“, dessen

Gespräche sich in vier Tage gliedern, am letzten Tag die Erklärung der Gezeiten. Galilei war von seiner eigenen Idee so voreingenommen, die Gezeiten als den eindrucksvollsten und für jeden sichtbaren Beweis für die von seinen Gegnern bezweifelte doppelte Erdbewegung anzusehen, daß er den Titel des „Dialogo“ damit belegen wollte. Nun hatte der Papst allerdings seine eigene Vorstellung. Er meinte, man dürfe die göttliche Allmacht nicht beschränken wollen, sondern es müsse für Gott auch auf anderem Wege als nach dem von Galilei gelehrten Modell der Hin- und Her-Bewegung von einer mit Wasser gefüllten Schüssel möglich sein, jene Erscheinung hervorzurufen.
Kepler hat schon Ende des 16. Jahrhunderts den kausalen Zusammenhang zwischen Mond und Gezeiten zu seiner festen Überzeugung gemacht. Am 26. März 1598 schrieb er aus Graz an den Bayerischen Kanzler Herwarth von Hohenburg:

... Wenn ich diese Erscheinung recht überlege, scheint es mir, daß wir nicht vom Mond abkommen dürfen, solange wir die Berechnung der Gezeiten aus ihm ableiten können – und ich glaube, daß wir das können. Wer die Bewegung der Meere der Erdbewegung zuschreibt, stellt eine rein gewaltsame Bewegung auf; wer aber die Meere dem Mond folgen läßt, macht diese Bewegung in gewisser Hinsicht zu einer natürlichen.

Es muß dahingestellt bleiben, ob der Papst die Keplersche Idee im Sinne gehabt hat, jedenfalls mußte sich Galilei damit einverstanden erklären, den beabsichtigten Titel des Werkes „Dialogo del flusso e reflusso“ (Dialog über den Fluß und Rückfluß) abzuändern. Der genehmigte neue Titel lautete in wörtlicher deutscher Übersetzung:
„Gespräch des Galileo Galilei, Mitglied der Akademie dei Lincei, außerordentlicher Mathematiker der Universität Pisa, erster Philosoph und Mathematiker des Durchlauchtigsten Großherzogs von Toskana. Darin wird in Sitzungen an vier Tagen über die beiden hauptsächlichsten Weltsysteme, das ptolemäische und das copernicanische, gehandelt; mit unparteiischer Vorführung der philosophischen und der natürlichen Gründe sowohl für den einen als auch für den anderen Standpunkt.“
Eine letzte Auflage des Zensors verlangte, daß das Argument des Papstes im Text gebührend Berücksichtigung fände. Ihr kam Galilei mit einem abschließenden Meinungsaustausch zwischen Simplicio und Salviati nach [A 7]:

Simplicio: „... Was die gepflogenen Erörterungen betrifft, insbesondere die zuletzt geprüfte Frage betreffs der Ursachen von Ebbe und Flut des Meeres, so verstehe ich allerdings die Sache nicht so ganz. Aber nach der, wenn auch noch so unvollkommenen Vorstellung, die ich mir darüber habe bilden können, muß ich zugeben, daß Euere Erklärung mir wohl geistvoller erscheint als alle anderen, die ich je gehört habe. Gleichwohl halte ich sie nicht für richtig und beweisend. Meinem geistigen Auge schwebt vielmehr stets eine unerschütterlich feststehende Lehre vor, die mir einst eine ebenso gelehrte wie hochgestellte Persönlichkeit gegeben hat. Ich weiß, daß Ihr beide auf die Frage: Kann Gott vermöge seiner unendlichen Macht und Weisheit dem Elemente des Wassers die abwechselnde Bewegung, die wir an ihm beobachten, nicht auch auf andere Weise mitteilen, als das Meeresbecken zu bewegen? – Ich weiß, sage ich, daß Ihr auf diese Frage antworten werdet, er vermöge und wisse das auf vielfache, unserem Verstande unerfindliche Weise zu tun. Dies zugegeben, ziehe ich aber sofort den Schluß, daß es eine unerlaubte Kühnheit wäre, die göttliche Macht und Weisheit begrenzen und einengen zu wollen in die Schranken einer einzelnen menschlichen Laune."

Salviati: „Eine bewunderswerte, wahrhaft himmlische Lehre! Mit ihr stimmt jene andere göttliche Satzung vortrefflich überein, die uns wohl gestattet, den Bau des Weltalls forschend zu suchen, die uns jedoch für immer versagt, das Werk seiner Hände wirklich zu durchschauen, in der Absicht vielleicht, daß die Tätigkeit des Menschengeistes nicht abgestumpft und ertötet werde. Laßt uns daher die von Gott gestattete und von ihm gewollte Geistesbetätigung benutzen, um seine Größe zu erkennen, um uns mit desto größerer Bewunderung für sie zu erfüllen, je weniger wir uns imstande fühlen, in die unergründlichen Tiefen seiner Allweisheit einzudringen."

Sagredo beschließt den Dialog und lädt zur Erholung von dem anstrengenden Disput zu einer Gondelfahrt in der Abendkühle ein.

Der „Dialogo", auf dessen fachspezifischen Inhalt wir später noch ausführlich eingehen werden, fand in der damaligen Gelehrtenwelt großen Widerhall, da in ihm neue Maßstäbe für die wissenschaftliche Methode überhaupt gesetzt wurden. Wir weisen aber hier noch auf ein paar bedeutsame philosophische Gedanken Galileis hin.

Seine bitteren Enttäuschungen bei seinen Fernrohr-Beobachtungen verallgemeinernd, beklagt sich Galilei an einer Stelle [A 7]:

Ehe sie am Himmel des Aristoteles etwas ändern lassen, bestreiten sie dreist, was sie am Himmel der Natur erblicken.

Oder an anderer Stelle [A 7]:

Die Beschränktheit der gewöhnlichen Geister ist an dem Punkt angekommen, ... wo sie es ablehnen anzuhören, geschweige denn zu untersuchen, welche neuen Sätze oder Probleme es gibt ...

In die gleiche Richtung zielt die Äußerung [A 7]:

Was kann es Schmählicheres geben, als zu sehen, wie bei öffentlichen Diskussionen, wo es sich um beweisbare Behauptungen handelt, urplötzlich jemand ein Zitat vorbringt, das sich oft sogar auf einen ganz anderen Gegenstand bezieht, und damit dem Gegner den Mund stopft? Wenn Ihr aber durchaus fortfahren wollt, auf diese Weise zu studieren, so nennt Euch künftig nicht Philosophen, nennt Euch Historiker oder Doktoren des Auswendiglernens, denn wer niemals philosophiert, der darf den Ehrentitel eines Philosophen nicht in Anspruch nehmen.

Trotz verschiedener fachlicher Mängel des „Dialogo", die die aristotelische Prägung des frühen Galilei nicht verleugnen lassen, ist die wissenschaftstheoretische Grundkonzeption ein großer Fortschritt gegenüber dem Aristotelismus. Wir zitieren dazu die treffenden Worte von Emil Strauß [A 7], der in einer dankenswerten Arbeit dieses Werk in die deutsche Sprache übersetzt und es herausgegeben hat. Wie er in seinem Vorwort betont,

kommt aber in dem Buche keineswegs bloß die Frage der beiden Weltsysteme zur Sprache, es handelt sich mehr noch um die ganze Methode wissenschaftlicher Forschung. Diese sollte von nun ab anscheinend bescheidener, in Wahrheit aber mühevoller und fruchtbarer sein; sie glaubt nicht mehr, alles a priori wissen zu können oder gar schon zu wissen, sie übernimmt vielmehr die schwere Aufgabe, in scheinbar geringfügigen Indicien, in alltäglichen und dennoch unbeachteten Erscheinungen die Spuren folgenschwerer Gesetze zu finden. Das Buch Galileis belehrte seine Zeitgenossen — und diese Belehrung dürfte auch heute für weite und einflußreiche Kreise noch nicht überflüssig geworden sein — daß nicht in logisch geschultem Denken und in einer Anzahl von fertigen Formeln das Wesen der Wissenschaft und der wissenschaftlichen Erziehung sich erschöpft, daß vielmehr die unendlich viel schwierigere Kunst, durch Beobachtung und Versuche den Tatsachen Rechnung zu tragen, das Hauptmittel der Erkenntnis ist.

Aber auch für die Kirche wurde mit dem „Dialogo" Alarm geschlagen, hat doch Simplicio entsetzt ausgerufen: „Diese philosophische Methode ... bringt den Himmel, die Erde und das ganze Weltall in Unordnung und zertrümmert sie."
Es wird erzählt, daß in Rom das Gerücht auftauchte, mit der Gestalt des in der peripatetischen Denk- und Redeweise befangenen und manchmal primitiv wirkenden Verteidigers des Alten, Simplicio, habe Galilei Seine Heiligkeit selbst gemeint.

Die Gegner Galileis haben an der Verbreitung dieses Gerüchts sicherlich lebhaft mitgewirkt und dafür gesorgt, daß es schnell und glaubhaft zu Ohren des Papstes gelangte. Damit war Galilei für den Inquisitionsprozeß reif.
Ehe wir uns aber damit befassen, wollen wir noch vermerken, daß Johannes Kepler in den Jahren 1617 bis 1622, die mit der Entstehungszeit des „Dialogo“ zusammenfallen, sein siebenbändiges Werk „Epitome astronomiae copernicanae“ (Abriß der copernicanischen Astronomie), das ein systematisches Lehrbuch der damaligen Astronomie war, geschrieben hat. Wir erwähnten bereits, daß dieses Werk bis ins 19. Jahrhundert auf dem Index stand.

Inquisitionsprozeß und Verurteilung (1633)

Als Galilei wegen der Veröffentlichung des „Dialogo“ vor den Richtern der Inquisition stand, waren die Umstände völlig anders als 16 Jahre zuvor:
Auf dem Stuhl Petri saß der dem Galilei früher freundlich gesinnte Kardinal Maffeo Barberini als Papst Urban VIII. Dieser sah sich – in welchem Umfang zu Recht muß dahingestellt bleiben – in der Person des Simplicio verhöhnt und lächerlich gemacht. Vermutlich lag aber keine eigentliche Absicht Galileis in dieser Hinsicht vor, da die Ansichten des Simplicio und des Papstes keineswegs identisch waren. Dennoch schien das den Papst sehr getroffen zu haben, denn er war offensichtlich entschlossen, seinen früheren Freund Galilei, wenn schon nicht völlig zu vernichten, so doch aufs tiefste zu demütigen und in der bedrohten Kirche durch hartes Durchgreifen einige abschreckende Exempel zu statuieren. Opfer dieses Vorhabens wurden neben Galilei auch der später bestrafte florentinische Inquisitor und die schließlich amtsenthobenen treuen päpstlichen Mitarbeiter Riccardi und Ciampoli.
Die Staatsraison verlangte zu dieser Zeit offenbar keine besondere Rücksichtnahme auf den Großherzog von Toskana.
Der für die Wissenschaft aufgeschlossene und dem Galilei verbundene Kardinal Orsini war inzwischen gestorben.
Der mächtige Jesuitenorden hatte sich zum Anwalt seiner Patres Grassi und Scheiner gemacht, die im Verlauf wissenschaftlicher

Polemiken, Grassi in der Kometendiskussion und Scheiner im Zusammenhang mit den Sonnenflecken, von Galilei ungebührlich behandelt worden waren. Der Orden war an dem Stimmungsumschwung des Papstes sicher mit beteiligt. Galilei schrieb nach seiner Verurteilung an einen Freund, Jesuitenpater Grienberger habe zu einem gemeinsamen Bekannten gesagt:

Hätte Galilei sich die Zuneigung der Väter des Collegium Romanum zu erhalten gewußt, so würde er ruhmvoll in der Welt leben.

Die Ereignisse nahmen folgenden Verlauf:
Sechs Monate nach Erscheinen des „Dialogo" ging im August 1632 auf päpstliche Anordnung dem Verleger die Weisung zu, den Verkauf des Werkes einzustellen. Der Verleger meldete, daß die gedruckten 500 Exemplare verkauft seien.
Eine das einzuschlagende Verfahren vorberatende Kommission der Indexkongregation stellte folgende Belastungsmomente fest:

1. Die ordnungswidrige Beifügung des Imprimaturs für Rom. Der Papst selbst war über Galilei verärgert, da dieser Riccardi offensichtlich überlistet hatte.
2. Die Loslösung der Vorrede vom Text durch Druck mit anderer Type sowie die geringschätzige Behandlung des vom Papst herrührenden Schlußargumentes gegen die copernicanische Lehre.
3. Das häufige Verlassen des hypothetischen Standpunktes bei der Behandlung der copernicanischen Lehre.
4. Die Fiktion, als sei eine kirchliche Entscheidung gegen diese Lehre noch nicht ergangen, sondern erst zu erwarten.
5. Die scharfe Polemik gegen anticopernicanische, von der Kirche hochgeschätzte Schriftsteller.
6. Die Behauptung, zwischen göttlicher und menschlicher Auffassung mathematischer Wahrheiten bestehe eine gewisse Ähnlichkeit.
7. Das Argument, daß zwar aus Ptolemäern Copernicaner würden, aber nicht umgekehrt.
8. Die Zurückführung von Ebbe und Flut auf die Erdbewegung.
9. Die Überschreitung des Verbots vom 26. Februar 1616.

Die acht ersten Punkte könnten, wie es in dem Aktenstück

heißt, verbessert werden, wenn man sich von dem Buche irgendwelchen Nutzen verspräche. Es bliebe also der letzte Anklagepunkt als erheblich übrig.

Gestützt auf das Ergebnis der Voruntersuchung, schritt die Inquisition gegen Galilei ein, wobei auf die Begegnung von Galilei mit Kardinal Bellarmin am 26. Februar 1616 Bezug genommen wurde, bei der es nach Ansicht Galileis um eine Ermahnung und nach Meinung der Inquisition um ein formelles Verbot ging. Dabei stützte sich die Inquisition auf das schon erwähnte Protokoll vom 26. Februar 1616, wonach Galilei vom Kardinal anbefohlen worden sei, er habe sich künftig ganz und gar zu enthalten, die „neue Lehre irgendwie zu lehren, zu verteidigen oder festzuhalten". Der Papst ließ durch Riccardi dem toskanischen Gesandten mitteilen, daß die Übertretung dieses Verbots durch Galilei allein schon genüge, diesen zugrunde zu richten [B 9]. Kardinal Bellarmin lebte damals nicht mehr, konnte also nicht mehr befragt werden.

So begann der eigentliche Prozeß gegen Galilei mit einer formaljuristischen Anklage auf der Basis eines wissenschaftlichen Irrtums.

Das Heilige Offizium beschloß am 23. September 1632, Galilei für den Oktober nach Rom vor seinen Richterstuhl zu zitieren. Galilei war damals aber bereits bettlägerig, was durch drei ärztliche Atteste erhärtet wurde. Seine Bitte um Aufschub seiner Reise wurde aus Rom mit Drohungen beantwortet. So mußte der fast Siebzigjährige im Winter die beschwerliche Fahrt unternehmen, die ihn am 13. Februar 1633 nach Rom gelangen ließ. Dort war er in der Villa Medici Gast des toskanischen Gesandten Francesco Niccolini, der ihm jederzeit kluger Berater gewesen zu sein scheint.

Während des Prozesses, der nach zwei Monaten begann, wurde Galilei in der Zeit vom 12. bis 30. April 1633 und vom 21. bis 24. Juni 1633 im Palast der Inquisition festgehalten. Er genoß als Gefangener ungewöhnliche Privilegien: Er bewohnte drei Zimmer im Palast, behielt seinen Diener und durfte sich sogar das Essen von der toskanischen Gesandtschaft bringen lassen sowie mit Niccolini einen Briefverkehr ohne Zensur führen. Es blieb der Inquisition keine andere Wahl, als dem angesehenen Gelehrten gebührenden Respekt zu zollen.

Die Taktik Galileis kann man kurz so charakterisieren: Offenbar kam er nach Rom in der Meinung, daß noch gewisse Chancen für die Verteidigung des copernicanischen Systems bestehen. Als er aber merkte, wie weit die Inquisition zu gehen bereit war, wandte er die Methode des Sichherausredens und Ausweichens an, um der Qual der vorauszusehenden Tortur oder sogar dem Märtyrertod zu entgehen. Wenn man die Prozeßakten studiert, in denen die Vernehmung aufgezeichnet ist, sieht man, wie schwer es die Inquisitoren bei ihrem Geschäft hatten, ihn auf eine klare, verurteilungsmögliche Linie festzunageln. Die Verhöre waren voll von Widersprüchlichkeiten Galileis. Sie glichen streckenweise einem Eiertanz. Schließlich erblickte er offenbar nur noch einen Ausweg in einer grenzenlosen – man möchte beinahe sagen – ironischen Unterwürfigkeit.

Als er am 30. April 1633 den Inquisitionspalast verlassen durfte, fühlte er sich offenbar schon als Freigesprochener des Prozesses, zumal auch Niccolini mit ständiger Unterstützung des Großherzogs Ferdinand II., der 1621 die Nachfolge Cosimo II. angetreten hatte und bis 1670 regierte, den Papst umzustimmen versucht hatte. Er meinte wohl, daß seine ins Gegenteil verdrehte Anbiederung ihr Ziel nicht verfehlt haben konnte, hatte er doch gesagt [B 3]:

Zur größeren Bekräftigung, daß ich diese verdammte Meinung von der Bewegung der Erde und dem Stillstand der Sonne nicht für wahr gehalten habe, noch sie für wahr halte, bin ich bereit, noch einen deutlicheren Beweis zu liefern ...

Er wollte dem „Dialogo" noch zwei Tage anfügen, um die Lehre des Copernicus zu widerlegen.

Man kann diese Vorgänge vielleicht ein bißchen verstehen, wenn man bedenkt, daß ein gebrochener, alter Mann, der sich in einem harten seelischen Kampf befand, dessen Gesundheit stark angegriffen war und der dauernd Leibschmerzen infolge eines Bruches hatte, vor der Anklagebank stand. Galilei mag gedacht haben, daß auf Grund der über Jahrzehnte währenden Vorgeschichte seiner wissenschaftlichen Überzeugung, mündlich propagiert und schriftlich fixiert, der Nachwelt seine Position eindeutig klar sein werde, unabhängig davon, wie er sich im Moment aus der Situation rettete.

Am Dienstag, dem 21. Juni 1633, ist Galilei beim letzten von vier Verhören unter Androhung der Tortur, die am 16. Juni 1633 bei einer Sitzung der Kongregation vom Papst festgelegt worden war [B 9], vom Inquisitor die Gewissensfrage vorgelegt worden, ob er „daran festhalte oder daran festgehalten habe und seit welcher Zeit, daß die Sonne und nicht die Erde der Mittelpunkt der Welt sei und diese sich auch in täglicher Umdrehung bewege" [B 3]. Gegen Ende dieser Vernehmung erklärte Galilei:

Ich halte nicht, noch habe ich diese Meinung des Copernicus festgehalten, nachdem mir der Befehl erteilt worden war, daß ich sie aufgeben solle. Übrigens bin ich hier in Euren Händen. Tut mit mir nach Eurem Gefallen.

Und zum letzten Mal aufgefordert, die Wahrheit zu bekennen:

Ich bin da, um Gehorsam zu leisten und habe, wie gesagt, diese Meinung nach der erfolgten Entscheidung nicht festgehalten.

Am Schluß des Protokolls heißt es, daß „in Ausführung des Dekrets nichts anderes von ihm erlangt werden konnte".
Zu Gericht saßen zehn als Inquisitoren gegen Ketzerei vom Papst ernannte Kardinäle. Sie kamen zu folgendem Urteilsspruch, dessen Verlesung sich Galilei am 22. Juni 1633 in der Kirche des Dominikanerklosters Santa Maria sopra la Minerva stehend anhören mußte [B 3]:

Unter Anrufung des heiligsten Namens unseres Herrn Jesu Christi und der glorreichsten Mutter und unbefleckten Jungfrau Maria behaupten, verkünden, urteilen und erklären wir durch diese unsere definitive Sentenz, die wir, zu Tribunal sitzend, unter dem Beistand und nach dem Gutachten der ehrwürdigen Lehrer der Theologie und der Doktoren beider Rechte als unserer Rechtsbeistände, in dieser Schrift aussprechen, bezüglich der vor uns verhandelten Frage und Fragen zwischen seiner Herrlichkeit Carolus Sincerus, Doktor beider Rechte und Fiskal-Prokurator dieses Heiligen Offiziums, einerseits, und dir, Galileo Galilei, der du wegen der hier vorliegenden prozessualisch verhandelten Schrift angeklagt, untersucht, verhört worden und wie oben geständig gewesen warst, andererseits, daß du, obgenannter Galilei, wegen dessen, was sich im Prozesse ergab und du selbst wie oben gestandest, dich bei diesem Heiligen Offizium der Ketzerei sehr verdächtig gemacht habest; das heißt, daß du eine Lehre geglaubt und festgehalten hast, welche falsch und der heiligen und göttlichen Schrift zuwider ist, nämlich: Die Sonne sei das Zentrum des Erdkreises und dieselbe gehe nicht von Osten nach Westen, die Erde bewege sich und sei nicht das Zentrum der Welt, und es könne diese Meinung für wahrscheinlich gehalten und verteidigt werden, nachdem sie doch als der Heiligen Schrift zuwiderlaufend befunden und erklärt worden war; daß du in Folge dessen in alle Zensuren

und Strafen verfallen seiest, welche durch die heiligen Canones und andere allgemeine und besondere Konstitutionen gegen derartig Fehlende bestimmt und über sie verhängt sind. Von diesen wollen wir dich freisprechen, sobald du mit aufrichtigem Herzen und nicht erheucheltem Glauben abschwörst, verfluchest und verwünschest die obgenannten Irrtümer und Ketzereien und jeden anderen Irrtum, welcher der katholischen und apostolischen Kirche zuwiderläuft, nach der Formel, wie sie dir von uns wird vorgelegt werden. Damit aber dieser, dein schwerer und verderblicher Irrtum und Ungehorsam nicht ungestraft bleibe und du in Zukunft vorsichtiger verfahrest, auch anderen zum Beispiel dienest, daß sie sich von dergleichen Vergehen enthalten, so bestimmen wir, daß das Buch „Dialog von Galilei" durch eine öffentliche Verordnung verboten werde; dich aber verurteilen wir zum förmlichen Kerker bei diesem Heiligen Offizium für eine nach unserem Ermessen zu bestimmende Zeitdauer und tragen dir als heilsame Buße auf, in den drei folgenden Jahren wöchentlich einmal die sieben Bußpsalmen zu sprechen, uns vorbehaltend, die genannten Strafen und Bußen zu ermäßigen, umzuändern, ganz oder teilweise aufzuheben.
So sagen, verkünden und erklären wir durch Sentenz, bestimmen und verurteilen und behalten uns vor, in dieser und jeder anderen besseren Weise und Form, wie wir von Rechts wegen können und müssen.

Das seinem Wesen nach verwerfliche und wissenschaftsfeindliche Urteil ist von sieben der zehn beteiligten Kardinäle unterschrieben. Es fehlen die Unterschriften der Kardinäle Caspar Borgia, Laudivio Zachia und Francesco Barberini, eines Neffen des Papstes. Dieser Tatbestand, hinter dem sich sicherlich scharfe interne Auseinandersetzungen verbergen, ist ein historisch bemerkenswertes Faktum!
Anschließend an diese Urteilsverkündung mußte Galilei, demütig knieend und die Bibel berührend, vor der gleichen Versammlung die ihm vorgelegte Abschwörungsformel verlesen [B 3]:

Ich, Galileo Galilei, Sohn des verstorbenen Vincenzio Galilei, aus Florenz, 70 Jahre alt, persönlich vor Gericht gestellt und knieend vor Euren Eminenzen, den Hochwürdigen Herren Kardinälen, General-Inquisitoren gegen Ketzerei in der ganzen christlichen Welt, die hochheiligen Evangelien vor Augen habend und sie mit den Händen berührend, ich schwöre, daß ich immer geglaubt habe, gegenwärtig glaube und mit dem Beistand Gottes in Zukunft glauben werde alles das, was die heilige katholische und apostolische Römische Kirche festhält, bestimmt und lehrt. Aber, weil mir das Heilige Offizium von Rechts wegen durch Befehl aufgetragen hatte, daß ich jene falsche Meinung vollständig aufgeben solle, laut welcher die Sonne das Zentrum der Welt und unbeweglich, die Erde aber nicht Zentrum sei und sich bewege, und daß ich die genannte Lehre weder festhalten noch verteidigen oder in irgendeiner Weise schriftlich oder mündlich lehren dürfe; und weil ich, nachdem mir bedeutet worden war, die genannte Lehre

stehe mit der Heiligen Schrift im Widerspruch, ein Buch schrieb und es drucken ließ, in welchem ich diese bereits verdammte Lehre erörterte und Gründe von großem Gewicht zu ihren Gunsten vorbrachte, ohne Widerlegung derselben hinzuzufügen; so bin ich demnach als der Ketzerei schwer verdächtig erachtet worden, das heißt: festgehalten und geglaubt zu haben, daß die Sonne das Zentrum der Welt und unbeweglich, und die Erde nicht Zentrum sei und sich bewege: – Darum, da ich nun Euren Eminenzen und jedem katholischen Christen diesen starken, mit Recht gegen mich gefaßten Verdacht nehmen möchte, so schwöre ich ab, verwünsche und verfluche ich mit aufrichtigem Herzen und ungeheucheltem Glauben die genannten Irrtümer und Ketzereien sowie überhaupt jeden anderen Irrtum und jede der genannten heiligen Kirche feindliche Sekte; auch schwöre ich, fürderhin weder mündlich noch schriftlich etwas zu sagen oder zu behaupten, wegen dessen ein ähnlicher Verdacht gegen mich entstehen könnte, sondern, wenn ich einen Ketzer oder der Ketzerei Verdächtigen antreffen sollte, werde ich ihn diesem Heiligen Offizium oder dem Inquisitor und dem Bischof des Ortes, wo ich mich befinde, anzeigen. Außerdem schwöre und verspreche ich, alle Bußen zu erfüllen und vollständig zu verrichten, welche mir dieses heilige Gericht auferlegt hat oder noch auferlegen wird. Sollte es mir begegnen, daß ich irgendeinem dieser Versprechen, Proteste und Eidschwüre (was Gott verhüten möge) zuwiderhandle, so unterwerfe ich mich allen Bußen und Strafen, welche durch die heiligen Canones und andere allgemeine und besondere Konstitutionen gegen derartige Übeltäter bestimmt und verhängt sind: so wahr mir Gott helfe und die heiligen Evangelien, die ich mit meinen Händen berühre.
Ich, obgenannter Galileo Galilei, habe abgeschworen, geschworen, versprochen und mich zu Vorstehendem verpflichtet, und zur Beglaubigung dessen habe ich die vorliegende Urkunde meiner Abschwörung Wort für Wort gesprochen, eigenhändig unterschrieben.
Rom im Kloster Minerva am heutigen Tage, dem 22. Juni 1633.
Ich Galileo Galilei habe, wie oben, mit eigener Hand abgeschworen.

Die Inquisition hatte durch diesen denkwürdigen Schauprozeß, bei dem Galilei an derselben Stelle knieend abschwor, wo Giordano Bruno sein Todesurteil vernehmen mußte, Galilei zwar aufs tiefste gedemütigt, aber für die Kirche selbst nur einen Scheinerfolg errungen. In Wirklichkeit klaffte die Divergenz zwischen dem festgelegten Dogma und der fortschreitenden Wissenschaft stärker denn ja. Das konnte auch gar nicht anders sein, denn die Kirche hatte in diesem Prozeß Position gegen den objektiven gesellschaftlichen Entwicklungsgesetzen unterliegenden wissenschaftlichen Fortschritt bezogen.
Am Tage nach seiner Verurteilung wandelte der Papst in einem Gnadenakt Galileis Gefängnisstrafe im Kerker der Inquisition in Verbannung um, so daß er dann in das Gesandtschaftspalais,

Villa Medici, zurückkehren durfte. Er mußte dort aber in strengster Zurückgezogenheit leben. Galileis demütige Bitte, statt in Rom in Florenz in Gefangenschaft sein zu dürfen, wurde zunächst nicht erfüllt. Er erhielt jedoch die Erlaubnis, wegen der in Florenz grassierenden Pest eine Einladung des trotz seiner Verurteilung mit ihm befreundeten Erzbischofs Piccolomini anzunehmen und im Juli 1633 nach Siena zu reisen.

Ende des Jahres 1633 wurde ihm die Übersiedlung nach Arcetri bei Florenz erlaubt. Dort hatte er ein Landhaus zur Verfügung. Nach Viviani fühlte er sich auf dem Lande sehr wohl und wurde von guten Freunden, deren Visiten er aber nicht zugleich annehmen durfte, oft besucht.

Der „Dialogo" wurde auf den Index der verbotenen Bücher gesetzt. Nach den bereits verkauften Exemplaren wurde gefahndet. Noch im Jahre 1633 gelang es Galilei, ohne daß es der ihn überwachende Priester merkte, ein Exemplar des „Dialogo" an seinen an diesem Werk sehr interessierten kalvinistischen Freund Elias Diodati nach Paris zu schicken. Er dachte wohl an eine ohne sein Zutun bewerkstelligte Publikation im Ausland. Da man dort mit dem italienischen Text nicht viel anfangen konnte, war eine für die damalige Zeit allgemeinverständliche lateinische Übersetzung notwendig. Sie wurde von drei deutschen Protestanten, dem Straßburger Polyhistoriker Mathias Bernegger in Verbindung mit dem Heidelberger Präzeptor Lingelsheim und dem Tübinger Mathematiker und Astronomen Wilhelm Schickhardt, besorgt. Bereits im Jahre 1635 erschien das verbotene Werk beim Elzevier-Verlag in Leiden in lateinischer Sprache. Es war damit für die Welt und die Zukunft gerettet. Etwa 200 Jahre stand der „Dialogo" auf dem Index der verbotenen Bücher.

Die Verurteilung des Galileo Galilei hat im damaligen Europa wie ein Schock gewirkt, zumal der Papst befohlen hatte, daß Abschriften des Urteils an alle Universitäten usw. zu schicken seien. Viele Gelehrte wurden durch den Akt der Kirche eingeschüchtert. Es ist bemerkenswert, daß selbst so ein berühmter Mathematiker wie Descartes zu einer vorsichtigen Ablehnung des copernicanischen Systems und der Galileischen Mechanik umgestimmt wurde und sein Werk „Le Monde" (Die Welt) aus dem Druck zurückzog.

Über den Galilei-Prozeß gibt es eine kaum überschaubare Menge an Literatur, auf die wir nicht näher eingehen wollen. Es lohnt heute nicht, über die Echtheit jenes Protokolls vom 26. Februar 1616 und damit über die formal-juristische Rechtmäßigkeit des Urteils zu streiten.

Fest steht, daß die Kirche als der eigentliche damalige Machthaber auch einen anderen Weg gefunden hätte, die ihre Existenz bedrohende copernicanische Lehre und deren Hauptrepräsentanten Galilei auszuschalten.

Fest steht auch, daß Galilei, der sich in späteren vertraulichen Briefen bitter über das ihm zugefügte Unrecht beklagte, seine seit mehreren Jahrzehnten vertretene wissenschaftliche Überzeugung schließlich, wenn auch, wie es scheint, in Form eines Lippenbekenntnisses, doch preisgegeben hat.

Frage: Ist Galileis pragmatisches Verhalten vor der Inquisition mit Charakterlosigkeit oder Verrat an der Wissenschaft, wie es gelegentlich dargestellt wird, gleichzusetzen?

Frage: Warum sollte Galilei eigentlich sinnlos sein Leben opfern? Wem hätte er damit genützt?

Bei der Beantwortung dieser Fragen haben wir zu bedenken:

daß ein durch die objektiven Machtverhältnisse erzwungenes Geständnis angesichts eines möglichen Märtyrertods eine glatte Erpressung ist, also Galilei moralisch nicht angelastet werden kann;

daß Galilei sich auf diese Weise durch die Rettung seines Lebens die weitere wissenschaftliche Arbeit, die in seinen „Discorsi“ reiche Früchte trug, gesichert hat;

daß er unter starkem psychischem Druck, insbesondere von seiten seiner schon vor ihm nach Florenz übergesiedelten und dort seit 1613 in einem Kloster weilenden älteren Tochter Virginia, die zutiefst um sein Seelenheil besorgt war, gestanden hat;

daß er als treuer, praktizierender Katholik, der durch die Kirche, die er beizeiten in ihrem eigenen Interesse von ihrem wissenschaftlichen Irrtum abbringen wollte, in schwerste Gewissenskonflikte geraten war und entsprechend der vorherrschenden Weltanschauung seines Jahrhunderts nicht aus der Gemeinschaft der Gläubigen ausgestoßen werden wollte;

daß dem Menschen Galilei in Anbetracht der damals noch vorhandenen Widersprüchlichkeiten des copernicanischen Systems, das von der überwältigenden Mehrheit der mit ihm konfrontierten geistigen Gegenspieler abgelehnt wurde, so daß eine eigentliche wissenschaftliche Solidarität für ihn durchweg fehlte, ein Schwachwerden zum Zwecke des Überlebens zugebilligt werden muß;

daß ein entscheidendes produktives Element in der dialektischen Situation eines selbstkritischen Forschers der ständige Zweifel an der Richtigkeit seiner Ergebnisse ist, der einerseits nicht in Agnostizismus einmünden darf, andererseits aber als Hebel echter Kreativität nutzbar gemacht werden muß. Galilei konnte davon nicht verschont sein, sonst wäre er nicht Galilei geworden. Sehr deutlich kommt das in seiner Äußerung von Ende 1612 zum Ausdruck, als die Saturnringe plötzlich verschwunden zu sein schienen:

Was soll man von einer so sonderbaren Verwandlung halten? Sind vielleicht die beiden kleineren Sterne vergangen wie die Flecken auf der Sonne? Oder hat Saturn seine eigenen Kinder verschlungen? Oder war die Erscheinung in der Tat Betrug und Täuschung, womit die Gläser mich und manche andere, die so oft mit mir beobachtet haben, so lange in die Irre geführt haben? Vielleicht ist jetzt die Zeit gekommen, um die schwindenden Hoffnungen derjenigen wieder aufleben zu lassen, die, geführt von tieferem Verständnis, alle die Irrtümer der neuen Beobachtungen ergründet und ihre Unmöglichkeit erkannt haben! Ich weiß nicht, was ich in einer so neuen, so seltsamen, so unerwarteten Lage sagen soll. Die Kürze der Zeit, das beispiellose Geschehen, die Schwäche meines Verstandes, die Furcht mißverstanden zu werden, haben mich aufs tiefste verwirrt.

Als weitere Frage bleibt zu beantworten, ob die Inquisition angesichts einer Reihe innen- und außenpolitischer Faktoren damals wirklich bis zur physischen Vernichtung des Greises Galilei gegangen wäre, wenn er nicht abgeschworen hätte. Hat Galilei durch seine Abschwörung der Kirche nicht aus einer auch für sie enorm kompliziert gewordenen Situation herausgeholfen, indem er ihr die Entscheidung abnahm, den in Europa berühmt gewordenen Galileo Galilei zu verbrennen? Hat er nicht doch zu früh aufgegeben?

Wir können hier die aufgeworfenen und zum weiteren Nachdenken anregenden Fragen nicht weiter analysieren, möchten aber bemerken, daß man bei einer Gesamteinschätzung der Qualitäten Galileis nicht sein nachfolgendes Schaffen an seinem Lebenswerk, den „Discorsi“, und seinen Mut bei dessen Übergabe zum Druck an das Ausland vergessen darf, wodurch er erneut mit den Kirchenbehörden in Konflikt geriet und sich deswegen viele Unannehmlichkeiten einhandelte.

Die Schaffung der „Discorsi" zeigt in aller Deutlichkeit, daß ein Forscher, hier Galilei, in seinem Erkenntnisprozeß, selbst wenn er vorübergehend Schwankungen und anderen Subjektivismen unterliegen sollte, von dem Forschungsobjekt, nämlich der objektiven Realität, wieder auf den richtigen Weg gebracht wird. Notwendige Voraussetzung dafür ist natürlich, daß die Forschung wissenschaftlich ernsthaft betrieben wird.

Hausarrest und Tod in Arcetri (1633 bis 1642)

Mit Galileis Verurteilung und Begnadigung zu Hausarrest in der Villa „Il Gioiello" (Juwel) auf dem Landgut Arcetri oberhalb von Florenz beginnen die letzten acht Jahre seines Lebens. Die Nachrichten über die Strenge der Klausur, in der er gehalten wurde, gehen auseinander. Authentisch erfährt man durch einen Brief Galileis an den befreundeten Elias Diodati in Paris, wie unfreundlich sich das Leben für ihn in Arcetri anließ [B 3]:

In Arcetri lebte ich mit dem strengsten Verbot, nicht nach der Stadt zu gehen und weder den Besuch vieler Freunde zugleich anzunehmen noch welche zu mir einzuladen, mich ganz ruhig verhaltend, unter häufigem Besuch eines nahen Klosters, wo sich zwei Töchter von mir als Nonnen befanden, die ich sehr liebte, besonders die ältere, welche ausgezeichnete Geistesgaben, verbunden mit einer seltenen Herzensgüte besaß und mir sehr anhing. Diese, welche sich in der Zeit meiner Abwesenheit, die sie höchst gefahrbringend für mich glaubte, einer tiefen, ihre Gesundheit untergrabenden Melancholie hingegeben hatte, verfiel endlich in eine sehr heftige Dysenterie, an der sie nach sechs Tagen, erst 33 Jahre alt, starb, mich in tiefstem Kummer zurücklassend, der noch durch ein anderes düsteres Ungemach vermehrt wurde. Als ich nämlich in Begleitung des Arztes, der meine kranke Tochter kurz vor ihrem Tode besucht hatte und mir eben eröffnete, daß ihr Zustand ein verzweifelter sei und sie wohl kaum, wie es auch eintraf, den nächsten Morgen erleben werde, aus dem Kloster nach Hause zurückkehrte, fand ich hier den Vikar des Inquisitors vor, der mir den mit einem Briefe des Herrn Kardinals Barberini an den Inquisitor eingetroffenen Befehl intimierte: Ich solle künftighin davon abstehen, um die Erlaubnis zu meiner Rückkehr nach Florenz nachsuchen zu lassen, sonst werde man mich dahin (nach Rom) zurückbringen, und zwar in den wirklichen Kerker des Heiligen Offiziums. Dies war die Antwort auf die Bittschrift, welche der Herr Gesandte von Toskana, nachdem ich neun Monate im Exil zugebracht habe, jenem Tribunal überreicht hatte! Aus dieser Antwort, scheint mir, kann man den Schluß ziehen, daß aller Wahrscheinlichkeit nach mein gegenwärtiger Kerker nur gegen jenen engen, langwährenden vertauscht werden wird, der uns ja allen bevorsteht.

In der Stille von Arcetri vollendete Galilei 1636 sein weiteres Lebenswerk: „Discorsi e dimostrazioni matematiche interno à due nuove scienze attenenti alla mecanica ed i movimenti locali" (Unterredungen und mathematische Demonstrationen über zwei neue Wissenszweige, die Mechanik und die Fallgesetze betreffend). Die Aufsichtsbehörde konnte zwar mißtrauisch über seinen Fleiß wachen, aber nicht dagegen einschreiten, weil das Thema seiner neuerlichen Arbeit dem Verbot vom 26. Februar 1616 nicht zuwiderlief.

Das Manuskript der ersten vier Tage widmete Galilei später seinem früheren Schüler und Freund aus Padua, Graf de Noailles, der inzwischen französischer Diplomat war und sich mehrfach eindringlich beim Papst Urban VIII. für eine Milderung der Aufsicht eingesetzt hatte. Weder in Venedig noch in Böhmen oder in der übrigen katholischen Welt konnte Galilei eine Druckerlaubnis für die „Discorsi" bekommen [B 4].

So geschah es, daß Galilei das Manuskript an Graf Noailles am 16. Oktober 1636 in dem bei Arcetri gelegenen Dorf Poggibonsi übergab, wo beide zusammentreffen durften. Auf diese Weise kamen die „Discorsi" unter Umgehung der Zensur nach Holland. Im Jahre 1638 erschien das Werk beim Elzevier-Verlag in Leiden im Druck. Sicherlich war Galilei, der das Werk ja selbst ins Ausland lanciert hatte, über dessen Publikation nicht allzu überrascht, zumal er schon im Mai 1636 mit L. Elzevier in Arcetri über die Drucklegung verhandelt hatte. Galilei war damals etwa 74 Jahre alt.

Nachdem Galilei 1637 noch die Libration des Mondes als eine überlagerte Bewegung, durch die mehr als die Hälfte des Mondes sichtbar wird, entdeckt hatte, erblindete er, im Juni 1637 rechts, dann links. Im Dezember 1637 war er völlig blind. Die Ursache dafür wird seinen umfangreichen Sonnenbeobachtungen ohne fachgerechte Filter zugeschrieben.

Nach Viviani

bekam er einen beschwerlichen Fluß an den Augen, ja, nach wenigen Monaten wurde er seiner Augen gänzlich beraubt, seiner Augen sage ich, welche

DISCORSI
E
DIMOSTRAZIONI
MATEMATICHE,
intorno à due nuoue ſcienze
Attenenti alla
MECANICA & i MOVIMENTI LOCALI,
del Signor
GALILEO GALILEI LINCEO.
Filoſofo e Matematico primario del Sereniſſimo
Grand Duca di Toſcana.
Con vna Appendice del centro di grauità d'alcuni Solidi.

IN LEIDA,
Appreſſo gli Elſevirii. M. D. C. XXXVIII.

4 Titelblatt der Discorsi (1638)

in diesem Weltkreise in kurzer Zeit mehr gesehen und observiert hatten, als in allen verflossenen Jahrhunderten aller Menschen Augen hatten sehen und observieren können.

Angesichts dieses kläglichen Gesundheitszustandes waren Freunde bemüht, den Papst zur Milde zu stimmen. Sie erreichten, daß ein Gutachten angefordert wurde. Am 13. Februar 1638 erstattete der zuständige Florentiner Inquisitor folgenden Bericht [B 3]:

Um dem Auftrag Seiner Heiligkeit besser Genüge zu leisten, habe ich mich persönlich in Begleitung eines fremden Arztes, meines Vertrauten, bei Galilei in seiner Villa Arcetri ganz unerwartet eingefunden, seinen Zustand auszukundschaften. Ich dachte weniger, mich durch ein solches Vorgehen in die Lage zu setzen, über die Beschaffenheit seiner Leiden berichten zu können, als vielmehr einen Einblick in die Studien und Beschäftigungen, welche er eben betreibt, zu gewinnen, um mir ein Urteil zu verschaffen, ob er wohl imstande wäre, nach Florenz zurückkehrend, hier durch Reden in Versammlungen die verdammte Lehre der doppelten Erdbewegung weiter zu verbreiten. Ich habe ihn, des Augenlichtes beraubt, vollständig blind gefunden; er hofft zwar auf Genesung, da es erst sechs Monate sind, daß sich der Star bei ihm gebildet hat, der Arzt jedoch hält das Übel in Anbetracht seines Alters für unheilbar. Er hat außerdem einen schweren Leibbruch, einen beständigen Lebensschmerz, und eine Schlaflosigkeit, welche ihn, wie er versichert, und wie seine Hausgenossen bestätigen, in vierundzwanzig Stunden nicht eine ganze schlafen läßt. Er ist auch im übrigen so herabgekommen, daß er mehr einem Leichnam als einem lebenden Menschen gleicht. Die Villa liegt weit von der Stadt entfernt und ihr Zugang ist ein unbequemer, weshalb Galilei nur selten, mit vielen Umständen und Kosten, ärztliche Hilfe erhalten kann. Seine Studien sind durch seine Erblindung unterbrochen worden, obwohl er sich zuweilen vorlesen läßt; der mündliche Verkehr mit ihm wird wenig gesucht, da er in seinem schlechten Gesundheitszustand wohl nur über seine Krankheit klagen und mit den ihn bisweilen Besuchenden von seinem Übel sprechen kann. Auch glaube ich in Anbetracht dessen, daß, wenn Seine Heiligkeit ihn ihres unendlichen Erbarmens wert erachten würden und ihm erlauben möchten, in Florenz zu wohnen, so würde er keine Gelegenheit haben, Versammlungen zu halten, und wenn er sie hätte, so ist er derartig mürbe gemacht, daß es, denke ich, um sich seiner zu versichern, genügen würde, ihn durch eine nachdrückliche Verwarnung in Zügel zu halten.

Ein erschütterndes Dokument!

Auf diesen Bericht hin veranlaßte der Papst folgende Zuschrift des Generalinquisitors Fanano vom 9. März 1638 an Galilei [B 3]:

Seine Heiligkeit wollen Euch gestatten, sich von Eurer Villa in das Haus, welches Ihr in Florenz besitzt, zu begeben, um hier von Eurer Krankheit geheilt zu werden. Doch müßt Ihr bei Eurem Herkommen in der Stadt Euch sofort unmittelbar in das Gebäude des Heiligen Offiziums verfügen oder hinbringen lassen, um da von mir zu vernehmen, was ich Euch zu Eurem besten zu wissen tun und vorschreiben muß.

Galilei nahm sofort die ihm erteilte Erlaubnis, nach Florenz zurückkehren zu dürfen, in Anspruch. Hier erhielt er im Auftrage des Heiligen Offiziums die Weisung [B 3],

bei Strafe lebenslänglicher wirklicher Einkerkerung und Exkommunikation nicht in die Stadt auszugehen und mit niemandem, wer das auch immer sei, über die verdammte Meinung der doppelten Erdbewegung zu sprechen.

Als Wächter wurde Galileis eigener Sohn Vincenzio zugelassen, der den Vater liebevoll pflegte. Er sollte darauf achten, daß die Besucher des Vaters nicht zu lange verweilten. Der geringste Verstoß gegen die Anordnungen der Inquisition sollten den Verlust dieser „erwiesenen Gnade" nach sich ziehen. Der Großherzog Ferdinand II. besuchte seinen von ihm weiter bezahlten Hofmathematiker insgesamt nur zweimal in der ganzen Zeit. Für eine Aufhebung der Strafe hat er sich nicht verwendet. Dennoch besaß Galilei versteckte Sympathien am Hofe zu Florenz, insbesondere bei Francesco Niccolini, dem vor allem die Initiative für den Auftrag, von Sustermans das historisch berühmt gewordene Galilei-Bild malen zu lassen, zu verdanken ist.
Der Hausarrest Galileis in Florenz war so streng, daß er nur mit besonderer Erlaubnis zu Ostern eine in der Nähe seines Hauses gelegene Kirche zwecks Beichte und Kommunion besuchen durfte. Sein Gesundheitszustand besserte sich nicht. Während Galileis Aufenthalt in Florenz traten die holländischen Generalstaaten, die an einer genauen Ortsbestimmung der Schiffe auf hoher See interessiert waren und denen er auf der Basis einer genauen Zeitmessung der Verfinsterung der Jupitermonde an verschiedenen Orten, woraus auf die Längendifferenz geschlossen werden kann, ein entsprechendes Angebot gemacht hatte, an ihn heran. Im Zusammenhang damit gelang es dem immer noch mit Galilei befreundeten Mathematiker Pater Castelli, im Beisein dritter sich Zugang zu seinem Lehrer zu verschaffen. Das erwähnte Projekt scheiterte aber an dem Unvermögen, in der damaligen Zeit eine sehr genau gehende und von den Schiffen

Galileo Galilei: „Wer naturwissenschaftliche Fragen ohne Hilfe der Mathematik lösen will, unternimmt Undurchführbares. Man muß messen, was meßbar ist, und meßbar machen, was es nicht ist."

5 Galileo Galilei im Alter von 77 Jahren. Kupferstich von G. Calendi nach dem Gemälde von Sustermans (Deutsches Museum München)

mitführbare Uhr zu konstruieren. Aber selbst dann, wenn diese technische Barriere überwunden worden wäre, hätte sich eine derartige „Himmelsuhr" aus noch anderen Gründen als unbrauchbar erweisen müssen: Olaf Römer entdeckte 1676 gerade infolge der Unregelmäßigkeiten des Eintritts des innersten Jupitermondes in den Jupiterschatten die Endlichkeit der Lichtgeschwindigkeit, so daß infolge der Erdbewegung zwischen August und November eine Verschiebung von 10 Minuten zustande kam.

Der nicht bis Florenz gekommene holländische Abgesandte ließ aus Dankbarkeit Galilei durch deutsche Kaufleute eine Goldkette als Geschenk überreichen. Aus Furcht vor der Inquisition nahm Galilei dieses Geschenk nicht an, wofür er von den Florentiner Inquisitoren extra belobigt wurde. Diese Episode wirft einiges Licht auf Galileis seelische Verfassung. Es verdient in diesem Zusammenhang angemerkt zu werden, daß bereits im Mai 1635 die holländischen Generalstaaten Galilei einen Lehrstuhl in Amsterdam angeboten hatten. Durch Galileis Antwortbrief war die Bestimmung der geographischen Länge wieder in die Diskussion gekommen.

Vermutlich verstimmt darüber, daß inzwischen die „Discorsi" im Ausland im Druck erschienen waren und daß ein ausgedehnter Briefwechsel mit Gelehrten vieler Länder Europas zeigte, daß Galilei großes Ansehen genoß, ordnete, wie in nicht ganz eindeutiger Weise berichtet wird, die Inquisition Ende 1638 seine Rückkehr nach Arcetri an.

Es kann kein Zweifel bestehen, daß Galilei bis zu seinem Tod von der copernicanischen Lehre überzeugt gewesen ist und er sich stets bis an die Grenze des Möglichen vorgewagt hat. Das geht, wenn man zwischen den Zeilen zu lesen versteht, aus mehreren Dokumenten aus jener Zeit hervor. Sehr deutlich entnehmen wir seine ungebrochene Strategie dem Widmungsbrief zu den „Discorsi" an Graf de Noailles vom 6. März 1638, in dem er betont, daß damit dieses Werk in sichere Hände gelangt und in Frankreich Freunden und Interessenten zugänglich wird, bezeugend, daß er zwar schweigt, aber nicht müßig ist. Weiter heißt es darin [A 8]:

> ... Darum sei Euerem Namen mein Werk gewidmet, und dazu drängt mich nicht nur das Bewußtsein einer Fülle von Verpflichtungen gegen Euch, sondern auch — wenn ich so sagen darf — die Verbindlichkeit, die Ihr übernehmt, mein Ansehen zu verteidigen gegen meine Widersacher: Ihr seid es, der mich wieder auf den Kampfplatz stellt. So will ich denn kämpfen unter Euerer Fahne ...

Diese Sätze und die ganze Untergründigkeit der Umgebung um ihn beweisen, daß seine Abschwörung eine ihm aufgezwungene, taktische Variante war. An seiner strategischen Grundlinie hielt er unbeirrt fest.

Um Galilei hatte sich damals eine sich gegenseitig treu ergebene

Vertrauensgemeinschaft herausgebildet, die in einer Art belagerter Festung den wissenschaftlichen Fortschritt weitertrieb. Auf Initiative des unter diplomatischem Schutz stehenden florentinischen Bevollmächtigten für Venedig, Francesco Rinuccini – obwohl Jesuitenzögling ein begeisterter Anhänger Galileis – kam es zu der letzten brieflichen Äußerung Galileis vom 29. März 1641 an Rinuccini über das copernicanische System. Darin legte er in einer unumgänglichen, aber ironisch zu interpretierenden Pflichtübung dar, daß die Falschheit des copernicanischen Systems nach der Deutung der Heiligen Schrift durch die Theologen zwar feststände, zumal alle Vermutungen des Copernicus mit dem bloßen Argument der Allmacht Gottes zunichte gemacht würden, aber die Meinung des Ptolemaios und Aristoteles sei noch trügerischer, da sie sich als unhaltbar nachweisen lasse. Trotz seines schlechten Gesundheitszustandes war Galilei auch nach seiner Rückkehr nach Arcetri nicht müßig. Er bereitete die Fortsetzung der Unterredungen für zwei weitere Tage vor und hatte die Absicht, diese dem eben erschienenen Werk bei einer Neuauflage hinzuzufügen. Viviani schreibt [B 6]:

Weil jedoch der gute Galilei durch die heftigsten Schmerzen in den Gliedern, die ihm allen Schlaf und Ruhe nahmen, insonderheit durch ein beständiges und fast unerträgliches Reißen in den Augenlidern wie auch durch andere Schwachheiten, welche das hohe Alter mit sich bringt, wenn man zumal durch vieles Studieren und Wachen abgemattet ist, ganz abgemergelt war, so konnte er seine übrigen Werke, die er noch in seinem Sinne abgefaßt und in Ordnung gebracht hatte, nicht zu Papier bringen lassen ...

Diesen Umständen ist es zuzuschreiben, daß der 5. und 6. Tag der uns heute bekannten „Discorsi“ dem Original postum beigefügt worden sind und die Bearbeitung von letzter Hand vermissen lassen.

Wie uns Viviani von Galilei schließlich noch wissen läßt,

überfiel ihn ein langsam verzehrendes Fieber und starkes Herzklopfen, wodurch er in zwei Monaten nach und nach abgezehrt wurde und endlich an einem Mittwoch, es war der 8. Januar A. 1642, um 4 Uhr nachts mit philosophischer und christlicher Beständigkeit starb, seines Alters 77 Jahre 10 Monate und 20 Tage ...

In den letzten Lebensmonaten hatte Galilei neben seinem Biographen Viviani und dem Pater Castelli noch den durch die Erfindung des Quecksilberbarometers berühmt gewordenen, damals 33jährigen Torricelli als seine Schüler um sich. Torricelli bekannte sich schon als 24jähriger in seinem ersten Brief an Galilei als „von Bekenntnis und Sekte Galileist". Er wurde Galileis Nachfolger am Hofe von Florenz.

Obwohl Galilei als guter Katholik, mit den Sterbesakramenten und dem Segen des Papstes Urban VIII. versehen, gestorben war, bedurfte seine Bestattung in geweihter Erde, da er immerhin Verurteilter der Inquisition war, eines Dispenses durch die kirchliche Behörde. Auf Weisung Urbans VIII. wurde Galileis sterbliche Hülle, nachdem eine Bestattung in der Kirche Santa Croce zu Florenz, wo Galilei in der Familiengruft seine letzte Ruhe finden wollte, verweigert worden war, ohne jede Feierlichkeit in der Nebenkapelle des Noviziats dieser Kirche beigesetzt. Die vom Großherzog in Aussicht genommene Errichtung eines Denkmals mußte unterbleiben, weil sie „ein schlechtes Beispiel für die Welt" gegeben hätte,

da doch Galilei wegen derart falscher und irriger Meinungen vor dem Heiligen Offizium gestanden und er damit sowohl in Florenz wie in der gesamten Christenheit durch die verdammte Lehre den größten Skandal verursacht habe.

Erst im Jahre 1674 konnte es ein Mönch vom Kloster Santa Croce, Pierozzi, wagen, eine Grabschrift zu setzen. Viviani ließ 1693 zum Andenken an seinen Lehrer an dessen Haus eine Büste mit einer entsprechenden Inschrift anbringen.

Am 12. März 1737 wurde Galilei in der Kirche Santa Croce, die auch Machiavelli, Michelangelo und Vittorio Alfieri als letzte Ruhestätte dient, in ein würdiges Mausoleum umgebettet. Damals wurde auch das von Viviani testamentarisch mit einem Kostenaufwand von 4000 Scudi gestiftete Denkmal errichtet.

Eine weitere Gedächtnisstätte in Florenz ist das Museum für Physik und Naturkunde, wo die Originalinstrumente des Meisters als kostbare Erinnerungsstücke in Verwahrung genommen wurden. Dort wurde auch im Jahre 1839 die „Tribuna di Galilei" angebaut, ein länglicher mit einer Apsis abschließender Ehrensaal, in dessen Hintergrund das von Cotodi gefertigte überlebensgroße Marmorstandbild des großen Naturforschers Aufstellung gefunden hat.

Erst in unserer Zeit fand das Drama um Galileo Galilei einen leidlichen Abschluß: Mit einer gewissen Erleichterung konnte im Jahre 1979, also 337 Jahre nach Galileis Tod, die Menschheit die von Papst Johannes Paul II. in Rom abgegebene Erklärung zur Kenntnis nehmen, daß der Gelehrte von der römisch-katholischen Kirche zu Unrecht verfolgt worden ist. Es wurde anerkannt, daß die Inquisition die Abschwörung der copernicanischen Lehre erzwungen hat. Diese Erklärung ist die erste öffentliche Rehabilitierung Galileis durch das Oberhaupt der römisch-katholischen Kirche. Sie soll den Schlußpunkt unter die vom Prinzip her natürlich irreparable „Akte Galilei" setzen.

Galileo Galilei ist einer der größten Gelehrten der Wissenschaftsgeschichte. Seine epochalen Leistungen, die Widersprüchlichkeit seiner Persönlichkeit sowie sein Charakter müssen als ein Ganzes gesehen werden, will man ihn und seine Erfolge begreifen. Unwillkürlich denkt man dabei an Friedrich Schillers Vers über Wallenstein, den Feldherrn des Kaisers:

> Von der Parteien Gunst und Haß entstellt,
> schwankt sein Charakterbild in der Geschichte.

Lassen wir in dieser Hinsicht Galileis originalen Biographen Viviani, der die letzten drei Jahre in Hausgemeinschaft mit ihm gelebt hat und dem wir nachsehen wollen, wenn er als Schüler in manchmal schwärmerischer Verehrung für seinen alten und hilflos gewordenen Meister sich scheut, Nachteiliges zu Papier zu bringen, noch einmal zu Wort kommen [B 6]:

> Den Charakter dieses großen Mannes zu beschreiben, so war er von jovialischem und freundlichem Ansehen, vornehmlich in seinem Alter von gesetztem Leibe, von mittelmäßiger Länge und von Natur einer sanguinischen und phlegmatischen, auch dabei ziemlich starken Konstitution, welche aber durch das viele Arbeiten, sowohl des Gemüts als auch des Leibes, gar sehr geschwächt worden ist. So war er auch vielen bösen Zufällen und hypochondrischen Affekten, auch öfters dem Anstoße schwerer und gefährlicher Krankheiten unterworfen, welche meistenteils durch sein beständiges Wachen bei den astronomischen Observationen, womit er zuweilen die ganze Nacht zubrachte, verursacht wurden. Insonderheit hat er von seinem 48. Jahre an bis an sein Ende heftige Schmerzen und Stiche gehabt, die ihn zuweilen bei Veränderung des Wetters an seinem Leibe gewaltig inkommodierten ...
> Im übrigen hielt er für die größte Ergötzung seines Gemüts und für das beste Mittel, die Gesundheit zu erhalten, den Genuß der freien Luft. Daher wohnte er nach seiner Wiederkunft von Padua fast allezeit ferne von dem Getümmel der Stadt Florenz, entweder auf den Gütern seiner Freunde oder auf einem von den benachbarten Gütern Bellosguarde oder Arcetri, woselbst

er um desto lieber sich aufhielt, weil ihm deuchte, die Stadt sei gleichsam ein Gefängnis für spekulativische Gemüter, hingegen das freie Landleben sei ein Buch der Natur, das einem jeden immerdar geöffnet vor Augen liege, der mit den Augen seines Verstandes darin zu lesen und zu studieren beliebe. Wie er denn zu sagen pflegte, die Charaktere und das Alphabet, womit dieses Buch geschrieben ist, seien die geometrischen Propositionen, Figuren und Schlüsse, durch welches einzige Mittel man in die unendlichen Geheimnisse der Natur eindringen könne. Er hatte daher auch wenige, aber auserlesen gute Bücher bei sich. Er lobte zwar, daß man alles durchläse, was in der Philosophie und Geometrie Gutes geschrieben worden ist, indem hierdurch das Gemüt zu gleichen oder auch wohl noch zu höheren Spekulationen erleuchtet und erweckt würde, jedoch sagte er, die vornehmsten Pforten, in die reiche Schatzkammer der natürlichen Philosophie einzugehen, seien die Observationen und die Erfahrung, welche durch die Schlüssel der Sinne von edlen und kuriosen Gemütern geöffnet werden könnten. Obwohl ihm aber die Ruhe und Einsamkeit sehr wohl gefiel, so hatte er doch gern tugendhafte Leute und gute Freunde um und neben sich, von welchen er auch täglich besucht und mit allen Erfrischungen und Geschenken beehrt wurde. Mit diesen ergötzte er sich auch oftmals bei mäßigen Gastereien, war auch ein Liebhaber von guten Weinen aus allerlei Ländern, wovon er denn aus dem großherzoglichen Keller wie auch anderswoher immer guten Vorrat hatte. Er pflegte auch, die Weinstöcke selbst in seinen Gärten mit besonderer Observation und extraordinärem Fleiß zu beschneiden und anzubinden. Gleichermaßen hatte er jederzeit große Lust zu dem Ackerbau, der ihm nicht nur zu einem angenehmen Zeitvertreib dienen mußte, sondern auch zu einer Gelegenheit, bei der Nahrung und dem Wachstum der Pflanzen von der sich besamenden Kraft und anderen wunderbaren Wirkungen des höchsten Werkmeisters zu philosophieren ... Den Geiz haßte er noch mehr als die Verschwendung. Denn da sparte er keine Kosten, Experimente und Observationen zu machen, um hierdurch zur Erkenntnis neuer wunderbarer Dinge zu kommen. Er war freigebig, den Notleidenden zu helfen und die Fremden aufzunehmen, sonderlich aber denen, die in einer Kunst exzellierten, nötigen Vorschub zu tun und sie gar in seinem eigenen Hause bei sich zu behalten, bis er ihnen Unterhalt und Arbeit verschafft hatte. Ich könnte allhier über viele junge Leute aus Deutschland, Holland und anderen Nationen Meldung tun, die in der Maler- und Bildhauer- oder in einer anderen Kunst, desgleichen auch in der Mathematik und in allerhand Wissenschaften geübt waren ...

In seinen Widerwärtigkeiten war er eines standhaften Gemütes und ertrug die Verfolgungen seiner Nacheiferer mit großer Herzhaftigkeit. Er war leicht zum Zorn zu bewegen, aber noch leichter war es, ihn wieder zu begütigen. In der Konversation war er überall sehr angenehm. Denn wenn er von ernsthaften Dingen redete, so war er reich an Sentenzen und tiefen Gedanken, und in lustigen Diskursen fehlte es ihm auch nicht an scharfsinnigen Worten und Einfällen ...

Galileo Galilei hat für die Physik und damit für die gesamte Naturwissenschaft bei ihrem Ausbruch aus dem Irrgarten scholastischer Geistesverwirrung mit seiner methodischen Verkopplung von Experiment und – wenn auch bescheidener – Theorie als Bahnbrecher Bewunderungswürdiges geleistet. Was auch immer als Schönheitsfehler im Charakterbild Galileis nachgewiesen worden ist oder noch nachgewiesen werden mag, er ist eine faszinierende Persönlichkeit: Bliebe an ihm nur zu bewundern, daß er entgegen der offiziell erlaubten Lehrmeinung trotz Inquisitionsprozeß, Hausarrest, Krankheit und zunehmender Blindheit hartnäckig den wissenschaftlichen Fortschritt durchgesetzt hat.

Galileis wissenschaftliches Vermächtnis in seinen beiden Hauptwerken

Einführung

In den früheren Abschnitten sind wir im Zusammenhang mit der Entwicklung Galileis vom Studenten zum Dozenten und Professor sowie schließlich zum Hofmathematiker auch auf seine wissenschaftlichen Leistungen eingegangen, die diesen Gelehrten vor seinen Zeitgenossen auszeichneten.
Wir hörten von seinen Bereicherungen der Mechanik, vom Proportionalitätszirkel und seinen Beiträgen zur Hydrostatik. Wir erfuhren von seiner technischen Begabung. Schließlich lernten wir Galilei als bahnbrechenden beobachtenden Astronomen kennen, der viele neuartige Entdeckungen selbst gemacht oder entscheidende Beiträge geliefert hat (Jupitermonde, Mondoberfläche, Struktur der Milchstraße, Venusphasen, Saturnringe, Sonnenflecken).
Im folgenden wollen wir uns eingehender mit Galileis beiden wissenschaftlichen Hauptwerken, dem „Dialogo" und den „Discorsi", befassen und herausarbeiten, was davon dauernden Erkenntniswert besitzt.

Der „Dialogo" (1632)

Zur richtigen Beurteilung des Gelehrten Galilei im Stadium des „Dialogo" muß man verstehen, daß Galilei, aus der Schule der aristotelischen Physik kommend, trotz der immer wieder durchbrechenden neuen methodischen Art, Physik zu betreiben, dennoch in seiner Denkweise und Begriffsbildung stark dem Aristotelismus verhaftet war. Wir dürfen nicht vergessen, daß für Copernicus, Galilei und Kepler zwar im Mittelpunkt der Welt nicht mehr die Erde, sondern die Sonne stand, daß aber, abgesehen von einigen vagen Äußerungen über die Unendlichkeit des Universums, trotzdem die Welt als durch eine Kugel abgeschlossen aufgefaßt wurde, ganz nach dem Weltbild von Platon und Aristoteles.
Daraus resultierte, daß im Sinne von Aristoteles die „natürliche"

Bewegung der Körper (z. B. der freie Fall), die von der „zwangsweisen" (z. B. dem Wurf) zu unterscheiden war, auf Kreisbahnen, den vollkommenen Bahnkurven, verlaufen müßte. Eine geradlinige Bewegung als natürliche Bewegung war undenkbar, da sie ja zum Zusammenstoß der Körper mit der Weltkugel hätte führen müssen, obwohl gerade beim freien Fall auf den Erdmittelpunkt zu bei Galilei laufend von einer geradlinigen Bewegung die Rede ist.

Weiter ist zu beachten, daß Galilei zwar weniger als Copernicus, der eine rein geometrisch-kinematische Bewegungskonzeption einnahm, dieser aristotelischen Plattform verhaftet war – er spricht ständig davon, daß infolge der Schwere die Körper fallen –, daß er sich aber dennoch nicht bis zur Prägung des Newtonschen Begriffes der Gravitationskraft emporschwingen konnte. Für ihn waren gemäß Aristoteles die Körper bestrebt, ihren natürlichen Ort auf dem Weg von Kreisbahnen einzunehmen, die schwereren in Richtung Erdmittelpunkt, die leichteren in entgegengesetzter Richtung.

Es liegt aber eine neue Qualität der Denkweise Galileis gegenüber der aristotelischen Physik dadurch vor, daß er das Experiment stark in den Vordergrund rückt und damit die Denkmöglichkeiten stark reduziert. Er begnügt sich, wenn wir vom Fehlen genauer Angaben der Versuchsbedingungen, der Wiedergabe der quantitativen Meßresultate und der Diskussion der Fehlerquellen absehen, nicht mit der bloßen Beschreibung des Experiments. Er versucht im Rahmen der bis dahin entwickelten Mathematik, die der Infinitesimalrechnung noch entbehrte und kaum Gleichungen, sondern nur Proportionen zur geometrischen Verdeutlichung mathematischer Sachverhalte benutzte, bis zu quantitativen Aussagen (z. B. beim Fallgesetz) vorzudringen.

Im Unterschied zu Galilei wandte Kepler eine kaum zu überbietende Sorgfalt bei der Auswertung der vorwiegend von Tycho Brahe stammenden Meßresultate auf, um z. B. die richtige geometrische Gestalt der Marsbahn zu finden. Hätte Kepler nicht diese Genauigkeit walten lassen, kaum hätte er wohl jemals die Ellipsengestalt für Planetenbahnen gefunden. Dennoch ist Galileis neue Methode der einheitlichen Anwendung von Theorie und Experiment bei der Entschleierung der Rätsel der Natur beispielgebend für die kommenden Jahrhunderte. Galilei wird damit der Begründer der wissenschaftlichen Naturforschung, insbesondere der Physik, im Keime sogar der Theoretischen Physik, für die dann Christiaan Huygens und Newton das Fundament legten.

Liest man den „Dialogo" aufmerksam, so ist man überwältigt von dem Umfang der scharfsinnigen Naturbeobachtung Galileis. Wenn er selten von eigens dazu angestellten Experimenten spricht, so darf man nicht daraus den Schluß ziehen, wie das gelegentlich geschieht, daß ihm das Experiment nur dazu diente, eine theoretisch fertige Konzeption zu verifizieren. Wenn er in einem Brief an Ingoli schreibt [A 6]:

Ich habe einen Versuch darüber angestellt, aber zuvor hatte die natürliche Überlegung mich ganz fest davon überzeugt, daß die Erscheinung so verlaufen müßte, wie sie auch tatsächlich verlaufen ist,

so sollte man daraus nicht folgern, daß darin ein prinzipiell aristotelischer Standpunkt zum Ausdruck kommt. Im Gegenteil! Galilei hat eben so viel in seinem Leben experimentiert und die Natur so gut beobachtet, daß er sich oft mit Gedankenexperimenten, deren Ausgang ihm klar war, begnügen konnte (z. B. Beobachtungen im Rumpf eines Schiffes). Man sollte demnach aus seinen oft benutzten Gedankenexperimenten keineswegs auf einen überbetont deduktiven Denker schließen. Wir glauben, daß sich Galilei durch eine ausgewogene Kombination von induktiver und deduktiver Methode auszeichnete und daß dies gerade der Schlüssel zu seiner bahnbrechenden Forschertätigkeit war.

In der Grundfrage der Philosophie findet man mehrere Stellen, an denen zum Ausdruck kommt, daß Galilei dem objektiven Sein die historische Priorität gegenüber dem menschlichen Bewußtsein einräumt, damit also die Position des naturwissenschaftlichen Materialismus einnimmt. Besonders deutlich geht das aus der folgenden Äußerung hervor [A 7]:

Es ist mir schon zwei- oder dreimal aufgefallen, daß der Verfasser ... bei seinen Überlegungen ... die Wendung gebraucht: auf diese Weise paßt sich die Sache unserer Intelligenz an, andernfalls wäre uns der Zugang zur Erkenntnis dieses oder jenes Umstandes verschlossen oder das Kriterium der Philosophie würde hinfällig, als ob die Natur zuerst das Gehirn der Menschen geschaffen und dann die Dinge entsprechend der Fassungsgabe unseres Verstandes geordnet hätte. Ich möchte eher glauben, die Natur habe zuerst die Dinge nach ihrer Weise geschaffen und dann erst die menschliche Vernunft mit der Fähigkeit ausgestattet, einiges von ihren Geheimnissen, wenn auch mit großer Mühe, zu begreifen.

Es ist uns hier bei weitem nicht möglich, auch nur annähernd den Gedankenreichtum des „Dialogo" referierend zu behandeln. Die von Salviati, Sagredo und Simplicio geführte Diskussion, die oft sehr weitschweifig ist, können wir deshalb nur auf ihre wissenschaftliche Quintessenz hin durchleuchten. Eine eingehendere Untersuchung findet man in weiterreichender Literatur.
Der „Dialogo" gliedert sich in vier Tage. In starker Vereinfachung kann man thematisch einteilen:

erster Tag:	Gleichartigkeit von irdischer und kosmischer Welt,
zweiter Tag:	Rotation der Erde um ihre Achse,
dritter Tag:	Bewegung der Erde um die Sonne,
vierter Tag:	Gezeiten (Ebbe und Flut).

In Wirklichkeit ziehen sich die Grundgedanken des Galileischen Anliegens, insbesondere das copernicanische System, durch alle vier Tage. Die Fäden werden während der Gespräche je nach Bedarf aufgenommen.

Erster Tag:

Salviati (Galilei) leitet diesen Tag mit der Darlegung des Weltsystems und der Bewegungslehre des Aristoteles ein und verweist auf Platon, nach dem der menschliche Intellekt gleichartig mit der göttlichen Vernunft sein muß, weil er das Wesen der Zahlen begreift.
Salviati pflichtet Aristoteles bei, daß die Welt ein gesetzmäßiges Fundament hat, also nach „höchsten und vollkommensten Gesetzen angeordnet" ist. Es wird zugelassen, daß eine geradlinige Bewegung vielleicht im Urchaos vorgelegen haben mag, aber in einer wohlgeordneten Welt eine geradlinige Bewegung unmöglich ist (Anstoßen an die Weltkugel!). Deshalb stellt Salviati ganz im Sinne von Aristoteles die Kreisbewegung als die vollkommenste heraus. Auch die im übrigen gut erfaßte beschleu-

nigte Bewegung wird ganz in der aristotelischen Terminologie beschrieben. Da Galilei den Kraftbegriff noch nicht kennt, beschleunigt der bewegliche Körper seine Bewegung, „wenn er sich nach dem Ort seiner Wahl begibt".

Besonders bemerkenswert sind in diesem Zusammenhang Überlegungen Galileis, die verbal an Beispielen das Gesetz von der Erhaltung der mechanischen Energie beschreiben, ohne daß Galilei allerdings diesen Begriff schon kennt:
Diese Gesetzmäßigkeit wird am freien Fall demonstriert. Dabei wird von der sehr erstaunlichen Abstraktion ausgegangen, die Erde sei diametral durchbohrt und durch diese Röhre falle ein Körper. Es wird behauptet, daß dabei der Körper im Prinzip nach seiner Beschleunigungs- und Verzögerungsphase wieder die Ausgangsgeschwindigkeit besitzen müsse, die – und nun vollkommen richtig geschlossen – allerdings in der Wirklichkeit durch Luftwiderstand und andere Nebeneinflüsse etwas verändert ist.
Ein weiteres, schon aus früherer Zeit stammendes Beispiel für diese Erkenntnis betrifft das Rollenlassen einer Kugel auf einer zweiteiligen Rinne, deren erster durchlaufender Teil nach unten geneigt und deren zweiter Teil nach oben ansteigend ist. Es wird richtig festgehalten, daß die Kugel, unabhängig von den Neigungen, die Höhe vor dem Versuch erreicht.
Ein weiteres Beispiel in dieser Hinsicht betrifft das Abrollen einer Kugel auf einer schiefen Ebene verschiedener Neigung bis schließlich hin zum freien Fall.
Es wird völlig richtig festgestellt, daß die Kugel stets dieselbe Geschwindigkeit erhält, obwohl sie auf der schiefen Ebene je nach Neigungswinkel eine längere Zeit zum Abrollen braucht.
Galilei beschreibt in all diesen Beispielen die mechanische Bewegung im Potentialfeld der Gravitation völlig richtig; sogar die Kugelgestalt der Erde erklärt er im Prinzip richtig, ohne leider das nötige begriffliche und mathematische Werkzeug, insbesondere die potentielle Energie, zu besitzen. Welch leuchtende Fackel der Erkenntnis war doch der von Newton nur einige Jahrzehnte später geschaffene einwandfreie physikalische Kraftbegriff mit all seinen Konsequenzen!
Die weitere Diskussion des ersten Tages wendet sich dann den

Himmelskörpern zu, über die in derselben Weise wie über irdische Körper gesprochen wird. Die in Anlehnung an Cusanus bereits von Bruno vertretene These der Gleichartigkeit der irdischen und kosmischen Welt, heute als These von der physikalischen Identität der Materie bezeichnet, zieht sich als Grundannahme durch den ganzen „Dialogo". Das ist ein erkenntnistheoretisch sehr hoch einzuschätzender Tatbestand!

Im Mittelpunkt dieser kosmischen Betrachtungen steht der Mond. Es werden viele Beobachtungen Galileis bis hin zu dem Teil des Mondlichtes beschrieben, welcher von der Erde reflektiertes Sonnenlicht ist.

Insgesamt gesehen ist dieser erste Tag stark philosophisch-kosmologisch angelegt. Er beinhaltet viele grundsätzliche Fortschritte gegenüber Aristoteles. Leider bleibt Galilei der kreisförmigen Bewegung als der vollkommenen Bewegung verhaftet. Physikalisch relevant sind seine Aussagen über den freien Fall und die Rollbewegung auf der schiefen Ebene.

Zweiter Tag:

Der zweite Tag ist stark physikalisch akzentuiert. An dem Beispiel der infolge der Erdrotation auftretenden Bewegung der Erdoberfläche arbeitet sich Galilei – leider wegen der nichtentwickelten Mathematik wiederum verbal – an zwei fundamentale Erkenntnisse der späteren Physik heran:

an das Wesen der Trägheit und an das Relativitätsprinzip. Sieht man von der falschen aristotelischen Ansicht Galileis ab, daß die Kreisbewegung das Primat vor der geradlinigen Bewegung hat – das ist übrigens bei dem folgenden Gegenstand von sekundärer Natur, zumal in der Diskussion doch von gerader Bewegung die Rede ist –, so kann man sagen, daß das Wesen dieser beiden Erkenntnisse vom Grundsätzlichen her von Galilei bereits richtig verstanden und dargestellt wurde. Weiter formuliert er die zeitliche Abhängigkeit des Fallweges beim freien Fall quantitativ richtig.

Nach einigen Ergüssen über Nerven und Sinne stellen Salviati und Sagredo heraus, daß von Bewohnern der Erde und irdischen Dingen, die die tägliche Bewegung der Erde mitmachen, die Bewegung der Erde als Ganzes nicht wahrnehmbar ist.

Als Analogie dient dabei die Fahrt auf einem Schiff und der Ablauf der Erscheinungen relativ zum Schiff, wenn diese Analogie leider auch immer wieder durch den Rückfall in die aristotelische Terminologie verwässert wird.

Um die Erkenntnis vom Beharrungsvermögen der Körper, wozu „unvertilgbar eingeprägte Bewegung" gesagt wird und wofür später der Fachausdruck Trägheit (inertia) geprägt wurde, deutlich zu machen, wird der freie Fall eines Steines von der Spitze eines Turmes und einer Bleikugel vom Mast eines Schiffes diskutiert: Da die Bleikugel trotz der Bewegung des Schiffes an derselben Stelle des Deckes unten auftritt, wo sie auch aufschlagen würde, wenn das Schiff in Ruhe wäre, gestattet diese Beobachtung keine Aussage über die Bewegung des Schiffes. Ähnlich ist es mit der Erde, auf die von einem Turm ein Stein fällt. Auch dieser Bewegungsablauf läßt keinen Rückschluß auf die Bewegung der Erde zu. Damit ist das Argument der Anhänger der aristotelischen Physik entkräftet, daß, falls sich die Erde bewegen würde, der Stein während des Fallens auf Grund der inzwischen erfolgten Fortbewegung der Erde an einer weit entfernten Stelle ankommen müsse.

Galilei benutzt dieses Beispiel des fahrenden Schiffes im Sinne eines Gedankenexperiments, dessen Ablauf ihm auf Grund gesammelter Erfahrung offensichtlich ist. Es ist bemerkenswert, daß erst Pater Gassendi nach dem Tod Galileis im Jahre 1649 im Hafen von Marseille auf einem mit einer Geschwindigkeit von 12 Kilometern pro Stunde fahrenden Schiff den Fallversuch tatsächlich ausgeführt und Galileis Meinung experimentell bestätigt hat.

Der physikalischen Korrektheit halber müssen wir anführen, daß die Analogie zwischen der rotierenden Erdbewegung und der geradlinig-gleichförmigen Schiffsbewegung nicht völlig in Ordnung ist, da es sich dabei um zwei grundsätzlich voneinander verschiedene Bezugssysteme handelt. Wegen der relativ langsamen Erdrotation ist aber die Analogie durchaus brauchbar.

Die auf den Stein und die Kugel bezogene Argumentation baut Galilei schließlich noch weiter aus, indem er ebenfalls Wolken, Vögel, Winde usw. in die Beweisführung mit einbezieht. Auch die Treffmöglichkeit von Kanonenkugeln wird unter diesem Aspekt behandelt.

Interessant ist in diesem Zusammenhang auch die Unterhaltung über das Beharrungsvermögen einer gleichförmig-geradlinig bewegten Kugel: Es wird festgestellt, daß eine glatte und harte Kugel bei Entfernung zufälliger, äußerlicher Hindernisse auf einer geneigten Ebene abwärts beschleunigt und aufwärts verzögert wird. Dann fragt Salviati, was auf einer Fläche geschehen wird, die weder abschüssig ist noch ansteigt. Man einigt sich, daß die Kugel ruhen muß, wenn man sie als ruhend hingelegt hat, daß sie aber weder beschleunigt noch verzögert werden kann, wenn man sie anstößt, da kein Grund dafür vorliege. Und weiter:

Salviati: „Wie lange muß demnach der Körper fortfahren sich zu bewegen?"
Simplicio: „Solange die Ausdehnung dieser weder steilen noch geneigten Fläche anhält."
Salviati: „Wäre diese Länge also unbegrenzt, so würde die Bewegung auf ihr gleichfalls ohne Grenzen sein, d. h. ewig, nicht wahr?"

Damit ist das Trägheitsgesetz verstanden und formuliert – allerdings mit einem Haken, denn gleich anschließend fällt Salviati, obwohl bisher richtig die Rede von Ebenen war, auf die aristotelische Vorstellungswelt zurück:

Salviati: „Eine Fläche, welche weder abschüssig noch ansteigend ist, muß also in allen ihren Teilen gleich weit entfernt vom Mittelpunkte sein. Gibt es denn nun solche Flächen in der Welt?"
Simplicio: „Daran fehlt es nicht. Da habt ihr die unseres Erdballs ..."
Salviati: „Ein Schiff, welches bei Meeresstille dahinfährt, gehört mithin zu den Körpern, welche über eine weder steile, noch abschüssige Fläche der besprochenen Art sich fortbewegen. Es ist daher bestrebt, nach Entfernung aller zufälligen und äußerlichen Hindernisse, mit der ihm einmal mitgeteilten Anfangsgeschwindigkeit unablässig und gleichförmig sich fortzubewegen."

Allerdings hat sich Galilei damit auf eine kreisförmige Inertialbewegung festgelegt.
In den „Discorsi" ist aber nur noch von geradliniger Bewegung die Rede, abgesehen von einem Einwand Simplicios, durch den Salviati gezwungen wird, den Näherungscharakter der Geradlinigkeit als Approximation eines Kreisbogens anzuerkennen.
Endgültig gelöst davon haben sich erst Galileis Briefpartner Baliani (im Jahre 1639) sowie Descartes, die den Gedanken der geradlinigen Inertialbewegung klar ausgesprochen haben. Des-

halb wird Galilei nicht von allen als der Entdecker des Trägheitsgesetzes in der endgültigen Form anerkannt, obwohl man ihm aber die Erkenntnis von der Eigenschaft der Trägheit der Körper nicht absprechen kann [C 3].
Das beweist auch ein anderes Beispiel, das, für sich genommen, vollkommen einwandfrei das Trägheitsgesetz erfaßt. Es handelt sich um einen in einer Röhre befindlichen Körper, der sich bei einer bestimmten Rotationsgeschwindigkeit von der Röhre löst und wegfliegt. Salviati formuliert den Satz:

Der geschleuderte Körper empfängt den Antrieb, sich längs der Tangente des Bogens zu bewegen, welchen der schleudernde Körper beschreibt, und zwar längs der Tangente in demjenigen Punkt, wo der geschleuderte Körper sich von dem schleudernden trennt.

Es wird ausgeführt, daß es sich längs der Tangente um eine geradlinige Bewegung handelt, wenn man von der durch die Schwere bedingten Abweichung absieht.
Dieses Beispiel zeigt eindringlich, wie wichtig in der Wissenschaftsgeschichte die Prägung abstrakter Begriffe ist, mit deren Hilfe sich Gesetzmäßigkeiten allgemeingültig formulieren lassen, ohne daß auf Beispiele Bezug genommen wird. Galileis Priorität beim Trägheitsgesetz wäre unzweifelhaft, hätte er den abstrakten Begriff der Trägheit geprägt und mit dessen Hilfe, von den an Beispielen gefundenen Detailaussagen abstrahierend, seine Feststellungen allgemeingültig formuliert, wie es später Newton in seinem 1. Axiom (Lex prima) getan hat:

Ein Körper verharrt im Zustand der Ruhe oder der geradlinigen gleichförmigen Bewegung, außer er wird durch äußere Kräfte gezwungen, diesen Zustand zu ändern.

Wir meinen aber, daß Galilei trotz gewisser Abstriche sekundärer Art das Wesen der Trägheit physikalisch richtig erfaßt hat, so daß es berechtigt ist, die Lex prima von Newton als das Galileische Trägheitsprinzip zu bezeichnen.

Eine weitere Thematik verdient behandelt zu werden, die sehr eng mit der Trägheit der Körper verknüpft ist, nämlich – in moderner Terminologie – das Galileische Relativitätsprinzip der Mechanik, das seinen tieferen Grund in der Existenz der Trägheitseigenschaft besitzt. Im Grunde genommen geht es um die oben in den beiden Beispielen (fallender Stein vom Turm und fallende Kugel vom Mast) erfaßte Tatsache, daß der Ablauf einer mechanischen Bewegung unabhängig von der (geradlinig-gleichförmigen) Bewegung des Bezugssystems (Erde, Schiff) gleichartig erfolgt. Wenn wir Abstriche in der Hinsicht machen, daß Galilei den Begriff des Inertialsystems noch nicht kennt, so können wir auch hier sagen, daß Galilei das Wesen dieses später als Fundamentalprinzip erkannten Zusammenhangs richtig gesehen hat.

Allerdings müssen wir ergänzen, daß die behauptete Gleichartigkeit, d. h. dasselbe Bild des Vorganges, nur dann gesichert ist, wenn die Anfangsgeschwindigkeiten der Körper richtig vorgegeben werden. Das liegt daran, daß eine geradlinig-gleichförmige Bewegung eines anderen Bezugssystems, zu dem man übergehen kann, überlagerungsmöglich (superponierbar) ist, ohne daß dadurch das Newtonsche Bewegungsgesetz der Mechanik in seiner Form verändert wird.

Natürlich war zu Galileis Zeiten die Infinitesimalrechnung, die wir erst Leibniz und Newton verdanken, noch nicht entwickelt, so daß die Galileischen Formulierungen rein verbaler Art bleiben mußten.

Dieses Galileische Relativitätsprinzip, dessen eigentliche mathematische Formulierung erst möglich war, nachdem Newton das mechanische Bewegungsgesetz entdeckt hatte, wurde von Albert Einstein im Jahre 1905 zum Speziellen Relativitätsprinzip, gültig auch für die übrigen Bereiche der Physik außer der Gravitation, verallgemeinert.

Ist das Spezielle Relativitätsprinzip wirklich so allgemeingültig, so darf das Erscheinungsbild auch allgemeiner Prozesse nicht vom Bewegungszustand des Bezugssystems abhängen. Hat Galileis scharfe Beobachtungsgabe nicht auch schon dieses über die Mechanik hinausgehende Prinzip (in dem besonderen Fall spezieller Anfangsbedingungen) in gewissem Sinne erfaßt? Wir zitieren Salviati:

Schließt Euch in Gesellschaft eines Freundes in einen möglichst großen Raum unter dem Deck eines großen Schiffes ein. Verschafft Euch dort Mücken, Schmetterlinge und ähnliches fliegendes Getier; sorgt auch für ein Gefäß mit Wasser und kleinen Fischen darin; hängt ferner oben einen kleinen Eimer auf, welcher tropfenweise Wasser in ein zweites enghalsiges darunter gestelltes Gefäß träufeln läßt. Beobachtet nun sorgfältig, solange das Schiff stillesteht, wie die fliegenden Tierchen mit der nämlichen Geschwindigkeit nach allen Seiten des Zimmers fliegen. Man wird sehen, wie die Fische ohne irgendwelchen Unterschied nach allen Richtungen schwimmen; die fallenden Tropfen werden alle in das untergestellte Gefäß fließen. Wenn Ihr Euren Gefährten einen Gegenstand zuwerft, so braucht Ihr nicht kräftiger nach der einen als nach der anderen Richtung zu werfen, vorausgesetzt, daß es sich um gleiche Entfernungen handelt. Wenn Ihr, wie man sagt, mit gleichen Füßen einen Sprung macht, werdet Ihr nach jeder Richtung hin gleich weit gelangen. Achtet darauf, Euch aller dieser Dinge sorgfältig zu vergewissern, wiewohl kein Zweifel obwaltet, daß bei ruhendem Schiffe alles sich so verhält. Nun laßt das Schiff mit jeder beliebigen Geschwindigkeit sich bewegen: Ich werdet – wenn nur die Bewegung gleichförmig ist und nicht hier- und dorthin schwankend – bei allen genannten Erscheinungen nicht die geringste Veränderung eintreten sehen. Aus keiner derselben werdet Ihr entnehmen, ob das Schiff fährt oder stillesteht ... Die Ursache dieser Übereinstimmung aller Erscheinungen liegt darin, daß die Bewegung des Schiffes allen darin enthaltenen Dingen, auch der Luft, gemeinsam zukommt. Darum sagte ich auch, man solle sich unter Deck begeben; denn oben in der freien Luft, die den Lauf des Schiffes nicht begleitet, würden sich mehr oder weniger deutliche Unterschiede bei einigen der genannten Erscheinungen zeigen.

Sagredo setzt fort:

Obwohl es mir zur See niemals in den Sinn gekommen ist, die genannten Beobachtungen eigens zu diesem Zweck anzustellen, so bin ich doch mehr als gewiß, daß sie zu dem angeführten Ergebnis führen. So z. B. weiß ich noch, daß ich mich in meiner Kajüte hundertmal gefragt habe, ob das Schiff fahre oder stillestehe; und manchmal habe ich, in Gedanken vertieft, geglaubt, es gehe in der einen Richtung, während es sich nach der entgegengesetzten bewegte. Darum bin ich nunmehr völlig zufriedengestellt und fest überzeugt von der Bedeutungslosigkeit aller Versuche, die angeblich mehr gegen als für die Umdrehung der Erde sprechen sollen ...

Wenn man von diesem Gedankenexperiment hört, wird man sofort an Einsteins tiefgründiges Gedankenexperiment des abgeschlossenen fallenden oder beschleunigten Kastens erinnert, in dem der Beobachter lokal auch nicht zwischen Gravitationsfeld oder Beschleunigungsmechanismus unterscheiden kann. Bekanntlich hat gerade dieses Prinzip den Weg von der Speziellen Relativitätstheorie (1905) zu Einsteins Allgemeiner Relativitätstheorie und Gravitationstheorie (1915) gebahnt. Welch eine verblüffende Ähnlichkeit der Gedanken, obwohl 300 Jahre zwischen Galilei und Einstein liegen!

Von großer prinzipieller Bedeutung ist ein noch zwischendurch geführtes Gespräch über die Rotation von Erde oder Weltall:

Salviati führt aus, daß sich durch die Annahme einer täglichen Rotation der Erde um ihre Achse viele beobachtete Himmelserscheinungen ganz natürlich erklären lassen, und daß die Schwierigkeiten, die mit einer täglich umlaufenden Himmelssphäre mit ihren angehefteten Fixsternen verbunden sind, von selbst entfallen.

Obwohl er sich der Relativität der Aussagen über die Bewegung bewußt ist, indem er sich klar auf die solchen Aussagen zugrunde liegende Umgebung (Bezugssystem) beruft, entscheidet er sich in der Frage, ob die Erde oder das Weltall rotieren, eindeutig für die Rotation der Erde. Zwar hatte er durch seine Überlegungen über die mechanischen Vorgänge auf einem fahrenden Schiff die Einsicht gewonnen, daß es für den Ablauf dieser Vorgänge gleichgültig ist, ob sich das Schiff oder die Umgebung bewegt. Extrapolierend auf die Gesamtheit der Fixsterne, erschien es ihm aber richtiger, die Fixsternsphäre als ruhend anzusehen. Galilei tangiert damit ein Problem, das auch heute noch einen hochaktuellen Forschungsgegenstand betrifft und in seiner Tiefgründigkeit noch längst nicht gelöst ist.

Er hat hier einen Gedanken antizipiert, der 1883 von Ernst Mach zum sogenannten Machschen Prinzip weiter ausgebaut wurde, das noch heute viele Forscher beschäftigt.

Gegen Ende des zweiten Tages befaßt sich die Diskussionsrunde noch einmal mit der Frage des freien Falles. Im Zusammenhang mit der Fallzeit von Kanonenkugeln wird schließlich von Salviati unmißverständlich dargelegt, daß die beschleunigte Bewegung der geradlinig fallenden Körper so erfolgt, daß sich die Fallwege in aufeinanderfolgenden gleichen Zeiten wie die ungeraden Zahlen von der Einheit ab verhalten. Wörtlich formuliert er:

Oder wir können auch sagen: die zurückgelegten Strecken verhalten sich zueinander wie die Quadrate der Zeiten.

Neben der Erkenntnis, daß „alle Körper im Vakuum gleich schnell fallen“, die, wie wir früher anmerkten, schon bei Vorgängern Galileis ihre Wurzel hat, ist damit der Inhalt des Gesetzes des freien Falles erschöpft, wenn man sich mit einer Beschreibung des Phänomens begnügt und auf die Erforschung der Ursache der Fallbewegung verzichtet.

Wie überliefert wird, hat Galilei die Gesetzmäßigkeit beim freien Fall schon 1609 entdeckt gehabt. Er experimentierte dabei, um den schnell ablaufenden Vorgang beim freien Fall zu vermeiden, mit einer Fallrinne, für die sich die Schwere gewissermaßen als verdünnt erwies, indem er Kugeln abrollen ließ und mit einer Wasseruhr (Messung gleicher aus einem Wassereimer in einem Strahl ausströmender Wassermengen und damit Zurückführung der Zeitmessung auf eine Volumenmessung) die Zeit maß. Durch Vergrößerung des Anstiegs der Fallrinne konnte er den freien Fall immer mehr annähern, auf den er schließlich das Gesetz extrapolierte.

In der weiteren Unterhaltung wird schließlich noch die ewig fortdauernde Schwingung eines sehr schweren Pendelkörpers, falls alle Hindernisse beseitigt wären, behandelt. Damit wird abermals von Galilei die Erkenntnis von der Erhaltung der mechanischen Energie für die Endpunkte der Bewegung richtig beschrieben, allerdings wie am ersten Tag ohne Kenntnis des Energiebegriffes. Wir können auch hier nur wieder eindringlich betonen, wie wichtig in der Naturerkenntnis die Prägung von der Natur sinnvoll angepaßten Begriffen ist.

Zusammenfassend stellen wir fest, daß der zweite Tag eine reiche physikalische Ernte gestattet, die wir durch die Stichworte: Trägheitsgesetz, Relativitätsprinzip, Fallgesetz kennzeichnen wollen.

Dritter Tag:

Dieser Tag ist dem Umlauf der Erde um die Sonne und dem Weltall gewidmet und somit ein Tag der kosmischen Physik. Die Diskussion beschäftigt sich eingangs ausführlich mit der Entfernung von Mond, Sonne und Sternen. Zahlenangaben anderer Autoren werden mit eigenen Anschauungen darüber verglichen. Insbesondere werden auch die Fehler optischer Geräte kritisch gesichtet.

Beachtenswert in dieser Diskussion ist auch die von Galilei behandelte Parallaxe der Fixsterne, die infolge der Bewegung der Erde auf ihrer Bahn als Winkeländerung der Orte der Fixsterne in Erscheinung tritt. Dieses Phänomen spielte eine fundamentale Rolle in der Diskussion über die Richtigkeit des copernicanischen Systems. Bekanntlich ist es erst im Jahre 1837/38 Bessel gelungen, diesen Effekt zu messen.

Danach schreitet die Diskussionsrunde zur Konstruktion des Baues unseres Planetensystems. Salviati legt das copernicanische System dar, Simplicio wird es aber noch nicht recht verständlich. Salviati ist nun ganz gerissen. Er läßt Simplicio Papier und Stift nehmen und ihn selbst den schlüssigen Beweis erbringen:

Salviati: „Dieses weiße Papier sei die unermeßliche Ausdehnung des Weltalls, innerhalb deren Ihr seine Teile anordnen und zueinander stellen mögt, wie die Vernunft es Euch vorschreiben wird."

Ganz im Sinne der klassischen sokratischen Beweisführung werden Erde und Sonne als zwei verschiedene Punkte gezeichnet.

Nun beginnt man mit der Einordnung der Venus, die sich bis zu maximal 46° von der Sonne entfernt und niemals in der zur Sonne entgegengesetzten Richtung (Opposition) steht. Wenn sie am hellsten in Sonnennähe erscheint, sieht sie sichelförmig aus; wenn sie am schwächsten leuchtet, ist sie rund. Simplicio bleibt nichts anderes übrig, als die Venusbahn um die Sonne einzuzeichnen.

Da sich der Merkur in noch größerer Nähe der Sonne aufhält, wird mit denselben Argumenten dessen Bahn um die Sonne innerhalb der Venusbahn fixiert.

Beim Mars liegen grundsätzlich andere Verhältnisse vor. Er kann auch in der zur Sonne entgegengesetzten Richtung stehen. Auf Grund der Helligkeitsverhältnisse des Mars in Konjunktion (Stellung in Sonnenrichtung) und Opposition sowie wegen der fehlenden Phasen muß der Mars um die Sonne umlaufen und die Erde dabei umschließen.

In ähnlicher Weise zeichnet Simplicio die Bahn des Jupiter und Saturn ein. Der Umlauf des Mondes um die Erde ist auch klar. Ebenso einigt man sich über die Anordnung der Fixsterne zwischen zwei das Planetensystem umschließenden Kugelflächen.

Salviati kann dann nur noch feststellen:

Wir haben also bis jetzt, Signore Simplicio, die Weltkörper genau nach dem System des Copernicus geordnet, und zwar ist dies von Euerer eigenen Hand geschehen ... Wenn es nun wahr ist, daß die Bahnen der Planeten, nämlich des Merkur, der Venus, des Mars, des Jupiter und des Saturn um die Sonne als Zentrum gehen, so ist es um so mehr gerechtfertigt, die Ruhe der Sonne und nicht der Erde beizulegen ... Danach kann man der Erde, welche inmitten beweglicher Weltkörper, nämlich der Venus und des Mars, sich befindet, von denen die Venus ihren Umlauf in neun Monaten und der Mars seinen in zwei Jahren vollendet, sehr schicklich eine Bewegung von einjähriger Dauer zuerkennen und der Sonne die Ruhe belassen.

In der Argumentation für das copernicanische System spielt auch Jupiter mit seinen umlaufenden Monden, den Mediceischen Sternen, eine große Rolle. War doch damit am Himmel für alle Sehenwollenden eine Art kleines Planetensystem anschaubar geworden, dessen Zentrum selber beweglich ist – eine die damalige Gelehrtenwelt in Erstaunen versetzende Analogie!
Die weitere Unterhaltung ist sehr vielfältig. Schließlich mündet sie in Entfernungsskalen und Größen von Himmelskörpern ein. An dieser Stelle durchbricht Galilei die aristotelische Vorstellung von einer mit Fixsternen besetzten, die Welt abschließenden Kugelschale. Salviati führt aus:

Wäre nun die ganze Fixsternsphäre ein einziger leuchtender Körper, wer sähe nicht die Möglichkeit ein, im unendlichen Raum einen so entlegenen Punkt zu bestimmen, daß von ihm aus besagte leuchtende Sphäre so klein erschiene und noch kleiner, als uns jetzt von der Erde aus ein Fixstern erscheint? Von dort aus würden wir also dasselbe für klein halten, was wir jetzt von hier aus unermeßlich groß nennen.

Leider wird dieser Gedanke im Gespräch abgebrochen, so daß wir Galileis Meinung über die Struktur des ganzen Universums nicht näher kennenlernen können. Daß er sich aber auf die aristotelische Anschauung nicht festgelegt fühlt, erfahren wir aus einem anderen Gespräch dieses Tages über den Mittelpunkt der Welt:

Salviati: „Darum sagt mir, wie beschaffen und wo befindlich der von Euch gemeinte Mittelpunkt ist."
Simplicio: „Ich verstehe unter Mittelpunkt den Mittelpunkt des Universums, der Welt, der Fixsternsphäre, des Himmels."
Salviati: „Ich könnte mit gutem Grund die Streitfrage aufwerfen, ob ein solcher Mittelpunkt in der Natur überhaupt vorhanden ist; denn weder Ihr noch sonst jemand hat je bewiesen, daß die Welt endlich und von bestimmter Gestalt sei und nicht etwa unendlich und unbegrenzt. Ich gestehe Euch jedoch vorläufig zu, daß sie endlich und von einer Kugelfläche begrenzt sei und daß sie mithin einen Mittelpunkt besitze; wir werden dann zu prüfen haben, ob es wahrscheinlicher sei, daß die Erde und nicht vielmehr ein anderer Körper sich in diesem Mittelpunkt befinde."

Simplicio: „Daß die Welt endlich, begrenzt und kugelförmig sei, beweist Aristoteles hundertfach."
Salviati: „Alle diese Beweise aber sind im Grunde nur einer und dieser eine keiner ... Um aber die Zahl der strittigen Fragen nicht zu vermehren, so sei einstweilen die Endlichkeit, und somit das Vorhandensein eines Mittelpunktes zugegeben ..."

Nimmt man noch die Äußerung Galileis in einem Schreiben an Ingoli zur Kenntnis [B 2]:

Und ist Ihnen unbekannt, daß es bislang noch nicht entschieden ist, und ich denke, daß es die menschliche Wissenschaft niemals entscheiden wird, ob das Weltall endlich oder unendlich ist?,

so gewinnt man die Überzeugung, daß Galilei zwar das aristotelische Weltmodell als Grundlage seiner Überlegungen genommen hat, daß er aber fähig war, darüber hinaus zu denken und eine andere Möglichkeit wohl in Erwägung zu ziehen. Seine Vorstellungswelt ist weiter angelegt als diejenige von Copernicus und auch von Kepler. Er ist zweifellos der größere philosophische Kopf.
Liest man obige Stellen im „Dialogo", so wird man den Verdacht nicht los, daß Galilei, während er wegen des copernicanischen Systems so schweren Anfechtungen ausgesetzt war, sich nicht auch noch mit dem Problem der Unendlichkeit der Welt belasten wollte, insbesondere angesichts der Tatsache, daß erst kurz vorher Bruno verbrannt worden war.
Gegen Ende des dritten Tages kommt es noch zu einer physikalisch bemerkenswerten Diskussion über die Stabilität der Erdachse. Wohl durch die an einer rotierenden Kugel gesammelten Erfahrungen über die Trägheit auch der Rotationsbewegung belehrt, stellt Salviati fest, daß die Erdachse, deren Neigung gegen die Ekliptikebene fast richtig mit 23,5 ° angegeben wird, stets sich selber parallel bleibt und einen Zylinder beschreibt, dessen Grundfläche eine durch die jährliche Bewegung entstehende Kreisfläche ist.

Der dritte Tag tangiert noch das Problem der Mathematik in der Wissenschaft.
Nach einer Darlegung der mit der Neigung der Erdachse gegenüber der Ekliptikebene zusammenhängenden Effekte durch

Salviatis geometrische Ausführungen äußert Sagredo, daß menschliche Forschung niemals größeren Scharfsinn entfaltet hat. Er fragt Simplicio nach dessen Meinung:

Simplicio: „Wenn ich freimütig meine Meinung sagen soll, so scheinen mir diese Dinge zu jenen geometrischen Subtilitäten zu gehören, welche Aristoteles bei Platon tadelt, wenn er ihm vorwirft, durch zu eifriges Studium der Geometrie von gesunder Philosophie abgekommen zu sein ..."

Darauf schlagfertig Salviati:

Ich schließe mich der Maxime jener Eurer Peripatetiker an, welche ihre Schüler von dem Studium der Geometrie zurückhalten; denn es gibt keine Wissenschaft, die sich besser als diese eignete, um ihre Fehlschlüsse an den Tag zu bringen.

Galilei stellt sich auf den Standpunkt Platons, der die Kenntnis der Mathematik als die Voraussetzung für das Philosophiestudium angesehen hatte. Am Tor der Akademie Platons soll bekanntlich der folgende Spruch gestanden haben: „Niemand darf eintreten, der nicht Mathematiker ist."
Von Galilei stammt auch das Gleichnis [A 6]:

(Das Buch der Natur) ist in mathematischer Sprache geschrieben, und seine Buchstaben sind Dreiecke, Kreise und andere geometrische Figuren; ohne sie ist es für die Menschen unmöglich, ein Wort zu verstehen.

Ähnliche Aussagen stammen auch von Kepler.

Der dritte, der Kosmogonie gewidmete Tag kann somit durch die folgenden Schwerpunkte charakterisiert werden: Beweisführung für das copernicanische System mit Folgerungen, bemerkenswerte Äußerungen über eine denkbare Unendlichkeit und Unbegrenztheit der Welt sowie über die Mathematik.

Vierter Tag:

Dieser letzte Tag konzentrierte sich auf die Erklärung der Gezeiten (Ebbe und Flut). Wir haben früher schon im Abschnitt „Verteidigung der copernicanischen Lehre ..." ausgeführt, daß Galilei darin den augenscheinlichsten Beweis für die copernicanische Lehre erblickte, da sich jeder mit offenen Augen von dieser Erscheinung überzeugen konnte, und deshalb der ganze „Dialogo" einen an dem vierten Tag orientierten Titel tragen sollte. Aber gerade dieser letzte Tag ist wissenschaftlich am schwächsten, da die Galileische Gezeitentheorie falsch ist. Galilei meinte, die Gezeiten seien eine notwendige Konsequenz der Erdbewegung. Dabei hatte er das Modell einer mit Wasser gefüllten Schüssel in Analogie zum Meeresbecken vor Augen. Er glaubte, daß infolge des Beharrungsvermögens Geschwindigkeitsänderungen zur Flutung des Wassers führen müssen, so etwa wie in einem auf einem Schiff befindlichen Faß mit Wasser beim Bremsen. Da das Wasser im Unterschied zu einem Festkörper nicht starr mit der Erde verbunden ist, sah er in ihm ein geeignetes Mittel für den Nachweis seiner Idee. Die Erde samt Mond sollte dabei wie ein schwingendes Pendel fungieren.

Es bleibt anzumerken, daß Keplers richtige Auffassung, nach der die Gezeiten durch Einwirkung des Mondes zustande kommen, von Galilei, der übrigens den Mond als durch magnetische Kräfte an die Erde gebunden ansah, für falsch erklärt und damit Kepler ein Tadel ausgesprochen wird:

Salviati: „Von allen bedeutenden Männern aber, die dieser wunderbaren Naturerscheinung ihr Nachdenken gewidmet haben, wundere ich mich zumeist über Kepler, mehr als über jeden anderen. Wie konnte er bei seiner freien Gesinnung und seinem durchdringenden Scharfblick, wo er die Lehre von der Erdbewegung in Händen hatte, Dinge anhören und billigen, wie die Herrschaft des Mondes über das Wasser, die verborgenen Qualitäten und was der Kindereien mehr sind?"

Rückblick:

Überblicken wir das erste Hauptwerk Galileis, so fallen uns folgende Dinge besonders auf: Es ist ein akzentuiert naturphilosophisch angelegtes Werk mit einer kaum überschaubaren Menge an beschriebenen Naturphänomenen, deren Einordnung in das copernicanische Weltsystem versucht wird. Galilei bietet verbal eine Reihe neuer fundamentaler physikalischer Erkenntnisse gegenüber der aristotelischen Physik an. Dabei werden geometrische Figuren zur Beweisführung verwendet. Mathematische Formeln in Gestalt von Gleichungen findet der Leser fast nicht.

Die „Discorsi" (1638)

Im Unterschied zum „Dialogo" haben die „Discorsi" mehr den Stil eines physikalischen Lehrbuchs, des ersten übrigens [C 4]. Manche Autoren bezeichnen sie als das eigentliche Hauptwerk Galileis, da es das gesamte physikalische Schaffen dieses ersten universalen Denkers der Physik zusammenfaßt. Obwohl der Titel auf die Mechanik und die Fallgesetze hinweist, ist es viel umfassender angelegt und greift weit in die Mathematik, insbesondere durch mengentheoretische Lemmas und geometrische Konstruktionen, hinein.

Es gliedert sich ebenso wie der „Dialogo" in vier Tage.

Nach Galileis Tod wurden aus seinem Nachlaß für die zweite Auflage noch zwei weitere Tage dazugefügt.

Der Aufbau des Werkes ist wiederum in Form einer Diskussionsrunde gestaltet, die an den ersten fünf Tagen von den uns schon aus dem „Dialogo" bekannten drei Gesprächspartnern Salviati, Sagredo und Simplicio bestritten wird. Am sechsten Tag fehlt Simplicio, weil er sich in einigen Beweisen zur Bewegungslehre und zum Schwerpunkt nicht zurechtfinden konnte. An seine Stelle tritt Paolo Aproino, ein Edelmann aus Treviso und früherer Hörer und Freund Galileis aus der Paduaner Zeit.

Ähnlich dem „Dialogo" verläuft das Streitgespräch an den ersten zwei Tagen in italienischer Sprache. Der dritte und vierte Tag mit besonders gewichtigem Inhalt ist anders gestaltet: Alle drei Gesprächspartner lesen und diskutieren das lateinisch geschriebene Werk ihres Meisters und „Akademikers" (gemeint Galilei), der bekanntlich seit 1611 ein „Linceo", also Mitglied der Academia dei Lincei in Rom war. Nur bei der Diskussion wird zur italienischen Sprache übergewechselt.

Es ist uns hier nicht einmal möglich, das Sachverzeichnis wiederzugeben, aus dem ein Einblick in die umfassende Gedankenwelt Galileis hervorgehen würde. Auch hier können wir nur versuchen, das für die Wissenschaft Bleibende herauszufinden. Die bei solch einem umfangreichen Lebenswerk wie dem Galileischen verständlicherweise anzutreffenden Irrtümer sollen uns nur am Rande beschäftigen.

Das Hauptanliegen Galileis geht aus seiner Einleitung zum dritten Tag hervor:

Über einen sehr alten Gegenstand bringen wir eine ganz neue Wissenschaft. Nichts ist älter in der Natur als die Bewegung, und über dieselbe gibt es weder wenig noch geringe Schriften der Philosophen. Dennoch habe ich deren Eigentümlichkeiten in großer Menge und darunter sehr wissenswerte, bisher aber nicht erkannte und noch nicht bewiesene, in Erfahrung gebracht. Einige leichtere Sätze hört man nennen: wie zum Beispiel, daß die natürliche Bewegung fallender schwerer Körper eine stetig beschleunigte sei. In welchem Maße aber diese Beschleunigung stattfinde, ist bisher nicht ausgesprochen worden; denn soviel ich weiß, hat niemand bewiesen, daß die vom fallenden Körper in gleichen Zeiten zurückgelegten Strecken sich zueinander verhalten wie die ungeraden Zahlen. Man hat beobachtet, daß Wurfgeschosse eine gewisse Kurve beschreiben; daß letztere aber eine Parabel sei, hat niemand gelehrt. Daß aber dieses sich so verhält und noch vieles andere, nicht minder Wissenswerte, soll von mir bewiesen werden, und was noch zu tun übrig bleibt, zu dem wird die Bahn geebnet, zur Errichtung einer sehr weiten, außerordentlich wichtigen Wissenschaft, deren Anfangsgründe diese vorliegende Arbeit bringen soll, in deren tiefere Geheimnisse einzudringen, Geistern vorbehalten bleibt, die mir überlegen sind.

Erster Tag:

Von diesem Tag greifen wir nur einige Schwerpunkte heraus: mathematische Traktate, freier Fall, Pendelschwingung und Isochronismus, Festigkeit ähnlich gebauter Maschinen, Tiere und Pflanzen in übermäßiger Größe.

Auf geometrischem Gebiet behandelt Galilei Fragen der Oberflächen- und Volumenberechnung von Zylindern, insbesondere solche Probleme wie: Oberflächen von Zylindern gleichen Rauminhalts, Inhalt von Zylindern gleicher Mantelfläche, Kreis mit umschriebenen Polygonen gleichen Umfangs.

Besonders reizvoll sind Galileis mengentheoretische Darlegungen über das Unendliche und Unteilbare. Salviati stellt eingangs fest:

Ich habe allerdings einen besonderen Gedanken, ich wiederhole zunächst, daß das Unendliche an sich uns unbegreifbar ist, wie das letzte Unteilbare: versucht einmal, beide zu kombinieren: wollen wir die Linie aus Punkten zusammensetzen, müssen letztere unendlich klein sein; wir müssen daher zugleich das Unendliche und das Unteilbare erfassen ... Der Haupteinwurf, den man gegen diejenigen erhebt, welche das Kontinuierliche aus Unteilbarem zusammensetzen, ist der, daß ein Unteilbares, zu einem anderen hinzugefügt, keine teilbare Größe hervorbringt.

Die weiteren Gedanken beschäftigen sich dann mit der Tatsache, daß sowohl die Menge der natürlichen Zahlen (1, 2,

3 . . .) als auch die Menge der Quadratzahlen (1, 4, 9 . . .) jeweils unendlich ist, daß aber mehr natürliche Zahlen als Quadratzahlen zu existieren scheinen. Salviati sieht schließlich den Ausweg in der Feststellung, daß ein Vergleich unendlicher Größen unmöglich ist.

Bekanntlich hat erst Georg Cantor derartige mengentheoretische Widersprüchlichkeiten durch seine Begründung der Mengenlehre beseitigt, die aber selbst von namhaften Zeitgenossen Cantors zunächst abgelehnt wurde und sich nur allmählich durchsetzen konnte. Heute weiß man, daß der Begriff der Mächtigkeit unendlicher Mengen eine logische Klärung bringt. Es ist beachtlich, wieweit bereits Galilei in diese Thematik eingedrungen ist.

Die Behandlung des freien Falles eines Körpers beginnt mit der Widerlegung der bereits früher dargelegten Lehre des Aristoteles. Diese Stelle ist so überzeugend, daß man glauben könnte, Galilei habe mit reiner Logik den Aristoteles widerlegt. Der Leser wird aber sogleich merken, wo Empirie in die Argumentation eingebaut ist:

Vorausgesetzt, Aristoteles hat mit seiner Behauptung, daß schwerere Körper schneller als leichtere fallen, recht, so folgt, daß bei der Verkopplung eines schweren und eines leichten Körpers während des Fallens der leichte den schneller fallen wollenden schweren bremsen muß, so daß der vereinigte Gesamtkörper langsamer fällt als der schwere für sich, obwohl nach der aristotelischen Voraussetzung der Gesamtkörper wegen seines größeren Gewichts schneller fallen müßte. Das ist aber ein logischer Widerspruch zur Voraussetzung. Also muß die Voraussetzung falsch sein.

Auf diesen Gedankengang sind wir früher bei Stevins fallenden Ziegelsteinen schon einmal gestoßen.

Nach dieser Widerlegung des Aristoteles stellt Galilei dann seine neuen Erkenntnisse dar, wobei auch der freie Fall in einem viskosen Medium einbezogen wird. Da wir uns schon früher ausgiebig mit diesem Gegenstand beschäftigt haben, verzichten wir hier auf eine weitere Ausführung.

Als mit dem freien Fall sehr verwandt wird von Galilei völlig richtig die Pendelschwingung erkannt.

Wesentlich und originell ist dabei sein Gedanke, daß der Charakter der Fallbewegung eines Körpers unverändert bleibt, wenn man ihn zwingt, auf einer geneigten Ebene bzw. auf dem Kreisbogen, den ein Pendelfaden vorschreibt, zu fallen. Der Kreisbogen wird einfach aufgefaßt als eine Folge von Ebenen mit kontinuierlich veränderlicher Neigung, also als Folge der Tangentialebenen.

Durch diese Idee hat sich Galilei, ähnlich wie auf der schiefen Ebene, die Möglichkeit geschaffen, den rasch ablaufenden und deshalb schwer kontrollierbaren freien Fall zu verlangsamen und damit genaueren Messungen leichter zugänglich zu machen. Auf diese Weise kann er bestätigen, daß die Schwingungsdauer des Pendels (in Analogie zur Fallzeit beim freien Fall) vom Material des Pendelkörpers unabhängig ist. Weiter findet er die bekannte Gesetzmäßigkeit, daß die Schwingungsdauer der Wurzel aus der Pendellänge proportional ist. Offensichtlich war Galilei aber bei seinen Experimenten nicht sorgfältig genug und hat, einer ungerechtfertigten Überzeugung folgend, seine Gesetze auf zu große Ausschlagswinkel extrapoliert, wo aber bereits Korrekturen angebracht werden müssen. Salviati führt nämlich aus:

... endlich habe ich zwei Kugeln genommen, eine aus Blei und eine aus Kork, jene gegen 100mal schwerer als diese, und habe beide an zwei gleich feinen Fäden von 4 bis 5 Ellen Länge befestigt und aufgehängt; entfernte ich nun beide Kugeln aus der senkrechten Stellung und ließ sie zugleich los, so wurden Kreise von gleichen Halbmessern beschrieben, die Kugeln schwangen über die Senkrechte hinaus, kehrten auf denselben Wegen zurück, und nachdem sie wohl 100mal hin- und hergegangen waren, zeigte sich deutlich, daß der schwerere Körper so mit dem leichten übereinstimmte, daß weder in 100 noch in 1000 Schwingungen die kleinste Verschiedenheit zu bemerken war. Sie bewegten sich in völlig gleichem Schritt. Man merkt wohl einen Einfluß des Mediums, welches der Bewegung einen Widerstand darbietet und weit merklicher die Schwingungen der Korkkugel vermindert als die des Bleies, aber dadurch werden sie nicht mehr oder minder häufig, selbst wenn die vom Kork zurückgelegten Bögen nur 5 oder 6 Grad betragen, und die des Bleies 50 oder 60 Grad, sie werden sämtlich in ein und derselben Zeit zurückgelegt.

Bei 1000 Schwingungen hätte Galilei wohl beachtliche Abweichungen messen müssen!

Es verdient in diesem Zusammenhang angemerkt zu werden, daß erst 1673 Huygens die erforderliche Mathematik beherrschte, die ihm in seinem „Horologium oscillatorium" (Pendeluhr) den Beweis ermöglichte, daß nur für das Zykloidenpendel die von Galilei angegebene Unabhängigkeit der Schwingungsdauer vom Ausschlagswinkel gilt. Diese gesamte Problematik ist in der Mathematik als das Brachystochronen-Problem bekannt, das 1696 von Johann I. Bernoulli öffentlich gestellt und auch gelöst wurde: Es sollte diejenige Kurve gefunden werden, für die die Fallzeit beim Fall zwischen zwei Punkten längs dieser Kurve ein Minimum wird. Die Lösung dieses Problems führte unmittelbar auf eine ganz neue Entwicklungsrichtung der Mathematik, nämlich auf die Variationsrechnung.

Galileis und seines Sohnes Vincenzio Versuche, das Pendel als Instrument zur Zeitmessung schlechthin, also als Uhr, zu benutzen, blieben ohne Erfolg. Der glückliche Gedanke, das Pendel nicht als periodischen Antrieb für eine Uhr, sondern als Regulator eines durch Gewichte in Bewegung gesetzten Räderwerkes zu verwenden, ist das Verdienst Huygens. Durch diesen Forscher wurde die auf diese Weise funktionierende Pendeluhr geschaffen.

Einen weiteren Schwerpunkt dieses ersten Tages bilden Galileis Darlegungen über die Festigkeit von in verschiedenen Größen gebauten ähnlichen Maschinen. Die Diskussion über die Thematik, die für die Technik von grundlegender Bedeutung ist, verläuft sehr geistreich. Dabei wird die Übereinstimmung der Gesprächspartner darüber erzielt, daß bei verhältnismäßiger Vergrößerung aller Teile einer Konstruktion die Resistenz und Stabilität nicht in demselben Maße zunimmt.

Wir wollen uns aber damit nicht aufhalten, sondern zu der damit verknüpften Frage des Verhaltens von Tieren und Pflanzen mit übermäßiger Größe überleiten. Dabei geht es um die Grenzen, die dem Wachstum der Lebewesen in der Natur gesetzt sind. Diese auch heute noch biophysikalisch hochaktuelle Problematik, die weit in die irreversible Thermodynamik hineinspielt, wurde also bereits von Galilei einer Analyse unterworfen.

Wir zitieren kurz einige Gedanken von Salviati:

Ist es nicht klar, daß ein Pferd, welches drei oder vier Ellen hoch herabfällt, sich die Beine brechen kann, während ein Hund keinen Schaden erlitte, desgleichen eine Katze selbst von acht oder zehn Ellen Höhe, ja eine Grille von einer Turmspitze und eine Ameise, wenn sie vom Monde herabfiele? Kleine Kinder erleiden beim Fall keinen Schaden, wo Bejahrte sich Arm und Bein zerbrechen. Und wie kleinere Tiere verhältnismäßig kräftiger und stärker sind als die großen, so halten sich die kleinen Pflanzen besser: und nun glaube ich, versteht Ihr alle beide, meine Herren, daß eine 200 Ellen hohe Eiche ihre Äste in voller Proportion mit einer kleinen Eiche nicht halten kann, und daß die Natur ein Pferd nicht so groß wie 20 Pferde werden lassen kann, noch einen Riesen von zehnfacher Größe, außer durch Wunder oder durch Veränderungen der Proportionen aller Glieder, besonders der Knochen, die weit über das Maß einer proportionalen Größe verstärkt werden müßten.

Zum Abschluß des ersten Tages greifen wir noch die wissenschaftlich sehr interessante Frage nach der Endlichkeit oder Unendlichkeit der Fortpflanzung von Wirkungen heraus, womit sich Galilei offenbar auch schon befaßt hat. Diese Problematik konzentriert sich schließlich auf die Lichtgeschwindigkeit. Die Diskussion ist so originell und der Meßvorschlag von Galilei so einfallsreich, daß wir die wichtigsten Passagen wiedergeben wollen:

Sagredo: „Aber welcher Art und wie groß dürfen wir die Lichtgeschwindigkeit schätzen? Ist die Erscheinung instantan, momentan oder wie andere Bewegungen zeitlich? Ließe sich das experimentell entscheiden?"

Simplicio: „Die alltägliche Erfahrung lehrt, daß die Ausbreitung des Lichtes instantan ist . . ."

Salviati: „Und der Versuch, den ich ersann, ist folgender: Von zwei Personen hält eine jede ein Licht in einer Laterne . . ., so daß ein jeder mit der Hand das Licht zu- und aufdecken kann. Dann stellen sie sich in einer kurzen Entfernung gegenüber auf und üben . . ., so, daß, wenn der eine das andere Licht erblickt, er sofort das seine aufdeckt. Solche Korrespondenz wird wechselseitig mehrmals wiederholt . . . Eingeübt in kleiner Distanz, entfernen sich die beiden Personen bis auf zwei oder drei Meilen. Und indem sie nachts ihre Versuche anstellen, beachten sie aufmerksam, ob die Beantwortung ihrer Zeichen in demselben Tempo wie zuvor erfolgt, woraus man wird schließen können, ob das Licht sich instantan fortpflanzt."

Diese Meßmethode mag uns heute verwundern, da wir die Größe der Lichtgeschwindigkeit von 300000 Kilometern pro Sekunde kennen. Bekanntlich gelang diese Bestimmung nicht terrestrisch, wie Galilei noch meinen konnte, sondern erst auf kosmische Entfernungen Olaf Römer, der 1676 dafür die Verfinsterungen der Jupitermonde ausnutzte.

Zweiter Tag:

In mathematischer Hinsicht ist die Behandlung der Parabel bis hin zur Quadratur sehr eindrucksvoll. Wir können darauf nicht näher eingehen, möchten es uns aber nicht versagen, die von Salviati beschriebene Methode zur schnellen Aufzeichnung der Parabelkurve wiederzugeben:

Man kann auf viele Arten solche Linien aufzeichnen, ich will Euch nur zwei der expeditesten mitteilen. Die eine ist in der Tat wunderbar, da ich in kürzerer Zeit als ein anderer mittels des Zirkels 4 oder 6 Kreise verschiedener Größe aufzeichnen, 30 oder 40 Parabeln konstruieren kann, deren Zug nicht minder richtig, fein und sauber ausgeführt ist, als der der Kreise. Ich habe eine Bronzekugel, die völlig rund gearbeitet ist, nicht größer als eine Nuß; wirft man dieselbe auf einen Metallspiegel, der nicht ganz horizontal liegt, sondern ein wenig geneigt ist, so daß die Kugel in ihrem Lauf einen leichten Druck ausübt, so beschreibt sie eine feine parabolische Linie, die mehr oder weniger gestreckt sein wird, je nach der Neigung der Metallplatte. Zugleich läßt sich demonstrieren, daß geworfene Körper in Parabeln sich bewegen: eine Tatsache, die unser Freund entdeckt hat, samt dem Beweis, den er in seinem Buche über die Bewegung bringt und den wir bei der nächsten Zusammenkunft kennenlernen werden. Die Kugel, die Parabeln beschreiben soll, muß man ein wenig mit der Hand erwärmen und anfeuchten, da sie alsdann auf dem Metallspiegel deutlichere Spuren hinterläßt.

Erinnert diese praktische und höchst originelle Methode nicht an moderne graphische Rechentechnik?

Ein weiterer Gegenstand dieses Tages ist das Hebelgesetz, das bekanntlich von Archimedes entdeckt wurde. Galilei baut es durch viele Anwendungsbeispiele weiter aus. Schließlich widmet sich Galilei noch umfangreichen Untersuchungen zur Bruch- und Zugfestigkeit verschieden geformter Körper aus diversen Materialien.

Besonders interessant an dieser Diskussionsrunde ist noch ein Exkurs über die Logik, der sich mit Aussagen von Aristoteles über die Belastbarkeit von Stäben befaßt:

Simplicio: „Wahrlich, ich fange an zu begreifen, daß die Logik, obwohl sie ein außerordentliches Hilfsmittel der Dialektik ist, uns doch nicht zur Erfindung und zur Denkschärfe der Geometrie bringt."

Sagredo: „Mir scheint, die Logik lehrt uns erkennen, ob bereits angestellte Untersuchungen urteilskräftig sind, aber daß sie den Gang derselben bestimme und die Beweise finden lehre, das glaube ich nicht . . ."

Dritter Tag:

In strenger Form faßt Galilei, gegliedert nach Propositionen, Problemen und Theoremen usw., seine Erkenntnisse über die Bewegung zusammen. Dieser Tag zerfällt dabei in zwei Teile, von denen sich der erste mit der gleichförmigen und der zweite mit der gleichmäßig beschleunigten (im Schwerefeld der Erde natürlich beschleunigt genannten) Bewegung befaßt. Die gebotenen Definitionen sind korrekt, die gewonnenen Aussagen gehören zum Grundbestand der Physik. Sie stellen im wesentlichen eine Zusammenfassung von Galileis bisherigen Ergebnissen dar, die vor allem schon im „Dialogo" festgehalten worden waren. Wir weisen deshalb hier nur auf die neuen Momente hin.

Das bedeutendste davon ist wohl die meisterhaft klare Formulierung des Geschwindigkeit-Zeit-Zusammenhanges:

Die gleichmäßig oder einförmig beschleunigte Bewegung ist eine solche, bei welcher in gleichen Zeiten gleiche Geschwindigkeitsanteile dazukommen,

und des Weg-Zeit-Gesetzes bei der gleichmäßig beschleunigten Bewegung:

Wenn ein Körper von der Ruhelage aus gleichmäßig beschleunigt fällt, so verhalten sich die in gewissen Zeiten zurückgelegten Strecken wie die Quadrate der Zeiten.

Aus der riesigen Zahl von Anwendungsbeispielen greifen wir das illustrative Fangpendel heraus, weil auch an dieser Stelle Galilei fast an das Erhaltungsgesetz für die mechanische Energie herangekommen ist. Wie bei früheren Beispielen ist die Situation an den Endpunkten richtig erfaßt. Für die Zwischenzeiten fehlte ihm der Begriff der potentiellen Energie. Bei dem Fangpendel geht es, wie die originale Abb. 6 zeigt, darum, daß der Pendelfaden während der Schwingung durch ein Hindernis abgefangen wird, so daß der Pendelkörper dann um das durch den Abfangpunkt (etwa durch einen zur Schwingungsebene senkrechten Stift realisiert) gegebene neue Zentrum, jetzt allerdings auf einer kleineren Kreisbahn, schwingt. Das Versuchsergebnis zeigt, daß trotz Variation der Abfangpunkte der Pendelkörper bei Vernachlässigung der Luftreibung stets die gleiche Höhe erreicht.

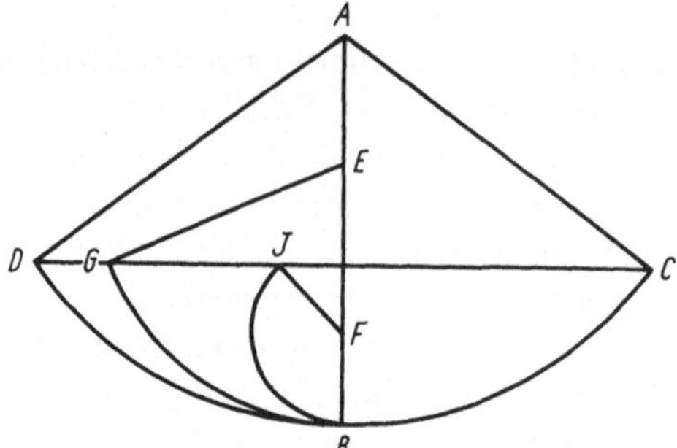

6 Fangpendel. Illustration aus den Discorsi (1638)

Sagredo lobt zum Abschluß dieses Tages seinen Akademiker:

Wahrlich mir scheint, es muß unserem Akademiker zugestanden werden, daß er ohne Prahlerei sich das Verdienst zuschreiben konnte, eine neue Kenntnis über einen sehr alten Gegenstand erschlossen zu haben. Wie er mit Glück und Geschick aus einem einzigen einfachen Prinzip eine Fülle von Theoremen gewinnt, das macht mich staunen.
Wie konnte das Gebiet unberührt bleiben von Archimedes, Apollonius, Euklid und noch vielen anderen Mathematikern und berühmten Philosophen, wo doch über die Bewegung gewaltig dicke Bände in großer Zahl geschrieben worden sind.

Sagredo vergißt nicht, auf die im dritten Buch des Euklid verborgenen Schätze hinzuweisen.
Es ist eine Ironie feststellen zu müssen, daß Descartes, den wir bei der exakten Formulierung des Galileischen Trägheitsgesetzes lobend erwähnt haben, sehr kritisch über Galilei sagt:

Alles, was er von der Geschwindigkeit der Körper sagt, die im leeren Raum fallen usw., ist ohne Fundament aufgebaut: denn er hätte zuvor bestimmen müssen, was die Schwere ist; und wenn er davon das Richtige wüßte, würde er wissen, daß sie im leeren Raum gar nicht vorhanden ist.

Wie hoch stand doch Galilei in seinem physikalischen Denken über der Vorstellungswelt selbst seiner namhaftesten Zeitgenossen!

Vierter Tag:

Dieser Tag ist ähnlich dem dritten Tag gestaltet. Sein Hauptthema ist die Wurfbewegung, für die die Form der von Apollonius eingeführten Parabel gefunden wird. Galilei leitet die Diskussion mit einer sehr fundamentalen Entdeckung ein, nämlich der Erkenntnis des Wesens der zusammengesetzten Bewegung als Überlagerung, hier an dem Beispiel der Wurfbewegung als einer Superposition einer gleichmäßig beschleunigten und einer gleichförmigen Bewegung:

Wenn ein Körper ohne allen Widerstand sich horizontal bewegt, so ist aus allem Vorhergehenden, ausführlich Erörterten bekannt, daß diese Bewegung eine gleichförmige ist und unaufhörlich auf einer unendlichen Ebene fortbesteht. Ist letztere hingegen begrenzt und ist der Körper schwer, so wird derselbe, am Ende der Horizontalen angelangt, sich weiterbewegen, und zu seiner gleichförmigen unzerstörbaren Bewegung gesellt sich die durch die Schwere erzeugte, so daß eine zusammengesetzte Bewegung entsteht, die ich Wurfbewegung nenne ... Ein einer gleichförmig horizontalen und zugleich gleichmäßig beschleunigten Bewegung unterworfener Körper beschreibt eine Halbparabel.

Dieses Zitat ist so inhaltsreich, daß es für sich spricht und damit ein weiterer Kommentar fast überflüssig wird. Wir möchten lediglich das Augenmerk des Lesers auf die Formulierung der unzerstörbaren gleichförmigen Bewegung auf einer unendlichen Ebene lenken, wobei die im „Dialogo" noch zu findende Einschränkung des Trägheitsgesetzes auf Kreisbahnen verschwunden ist. Wir glauben, daß damit dem späten Galilei mit Recht die Priorität auch für die richtige Fassung des Trägheitsgesetzes, wenn auch für den obigen Spezialfall, zuerkannt werden sollte. Wir unterstreichen damit noch einmal unsere bereits zum zweiten Tag des „Dialogo" getroffene Feststellung.
Aus der Geometrie der Parabel folgert Galilei dann an diesem Tag etliche Beziehungen über Wurfhöhe und Wurfweite bei verschiedenen Anstiegswinkeln. Besonders interessant dabei ist seine Ableitung, daß bei einem Anstiegswinkel von 45° eine maximale Reichweite des Geschosses eintritt. Damit war die von Niccolo Tartaglia fast ein Jahrhundert früher empirisch gefundene Regel theoretisch bestätigt.
Sagredo kann die angewandte Theorie nur bewundern:

Erstaunlich und entzückend ist die Macht zwingender Beweise, und so sind die mathematischen allein geartet. Ich kannte schon nach Aussagen der Bombenwerfer die Tatsache, daß von allen Kanonen- und Mörserschüssen die unter einem halben Rechten abgeschossene Kugel am weitesten fliegt; sie nennen es den sechsten Punkt des Winkelmaßes. Aber das Verständnis des inneren Zusammenhanges wiegt unendlich viel mehr als die einfache Versicherung anderer, und selbst mehr als der häufig wiederholte Versuch.

Salviati antwortet mit einer sehr tiefgründigen Einschätzung der Theorie:

Ihre Bemerkung ist sehr wahr; die Erkenntnis einer einzigen Tatsache nach ihren Ursachen eröffnet uns das Verständnis anderer Erscheinungen, ohne Zurückgreifen auf die Erfahrung; so ist es gerade auch im vorliegenden Falle, wo wir durch Überlegung uns die Gewißheit verschafft haben, daß der weiteste Wurf unter einem halben Rechten erzielt werde ...

Die Abb. 7 gibt in originaler Weise die Galileische Wurfparabel wieder.

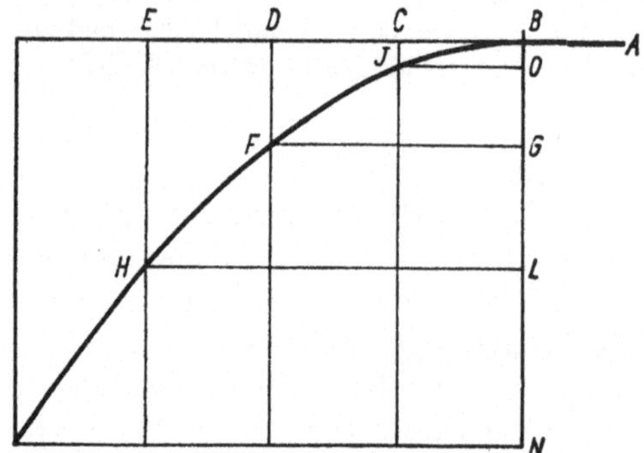

7 Wurfparabel. Illustration aus den Discorsi (1638)

Fünfter Tag:

Dieser angefügte Tag befaßt sich mit Euklids und Salviatis Definition der Proportionalität und ist nicht besonders bemerkenswert.

Sechster Tag:

Hauptthema dieser Diskussionsrunde ist der Stoß. Obwohl eine Reihe wertvoller Überlegungen angeboten wird, kommt Galilei aber nicht zu einer eigentlichen theoretischen Durchdringung.

Ausblick auf die Newtonsche und Einsteinsche Physik

Als Leser der „Discorsi“ ist man tief beeindruckt von der universalen wissenschaftlichen Leistung, die Galilei trotz seiner Verurteilung mit allen Folgeerscheinungen noch in hohem Alter vollbracht hat. Das Galilei-Bild ist falsch, das den historischen Galilei nach seiner Abschwörung in einen resignierenden Zustand verfallen oder ihn sogar als Verräter an der Wissenschaft Selbstanklage ausüben läßt. Zieht man all die gesellschaftlichen Nebenbedingungen heran, denen Galilei mit kategorischer Härte ausgesetzt war, so können wir nur feststellen: Galilei wußte, was er wollte. Sein Leben, in dem sich der epochale Forscher in Einheit mit dem Kämpfer gegen die dogmatisierte Pseudowissenschaft widerspiegelt, war von einer eisernen Konsequenz in der Verfolgung seiner wissenschaftlichen Linie beherrscht.

Sogar in seiner Erblindung erlahmte Galileis ständige Aktivität nicht. Einen Brief an seinen wohl treuesten Freund Micanzio vom 30. Januar 1638 schließt er mit den Worten:

> Selbst in meiner Finsternis höre ich also nicht auf, bald über diese, bald über jene Naturerscheinung Überlegungen anzustellen, und ich vermag meinem ruhelosen Hirn keine Ruhe zu geben, wie ich es möchte. Diese Aufregung schadet mir sehr, da sie mich zwingt, ständig wach zu bleiben.

Obwohl Galilei als Kind seiner Zeit in gewisser Hinsicht subjektiv dem Feudalismus stärker als dem aufstrebenden Bürgertum verhaftet war, was auch in seinem Umzug von der Republik Venedig zum großherzoglichen Hof in Florenz zum Ausdruck kommt, so ist er zweifelsohne in seiner objektiven Auswirkung auf seine gesellschaftliche Umwelt ein leuchtendes Fanal. „Die Inquisition verurteilte Galilei, weil die Wissenschaft in seinen Händen zu einer gewaltigen gesellschaftlichen Kraft geworden war, die sich gegen die überlebten Gesellschaftsverhältnisse richtete“, unterstreicht Kuznecov [C 5].

Sowohl bei der Behandlung des „Dialogo" als auch der „Discorsi" haben wir immer wieder Stellen entdeckt, an denen die von Galilei aufgeworfene Problematik gedanklich unmittelbar zur Newtonschen und Einsteinschen Physik hinüberleitet. Wir wollen deshalb unsere Darlegungen nicht abschließen, ohne auf diese Fundamentalfragen der Physik wenigstens im Zusammenhang hingewiesen zu haben [C 12].

Bekanntlich war erst Newton in der Lage, nachdem er sich die für die Bedürfnisse der Physik erforderliche analytische Mathematik geschaffen hatte, zu einer quantitativen Formulierung der Mechanik vorzustoßen. Seine 1687 veröffentlichten „Philosophiae Naturalis Principia Mathematica" (Mathematische Prinzipien der Naturphilosophie) schufen die Grundlage der gesamten Newtonschen Epoche der Physik. Ihm gelang es darin, die Quintessenz aller grundsätzlichen physikalischen Erkenntnis bis in diese Zeit zu konzentrieren. Er ging vom prinzipiellen Anbeginn physikalischer Forschung aus und gab sich zuerst Rechenschaft über die physikalischen Grundbegriffe von Raum und Zeit, die er als absolute Kategorien ansah. So definierte er:

Der absolute Raum bleibt vermöge seiner Natur und ohne Beziehung auf einen äußeren Gegenstand stets gleich und unbeweglich.

Die absolute, wahre und mathematische Zeit verfließt an sich und vermöge ihrer Natur gleichförmig und ohne Beziehung auf irgendeinen äußeren Gegenstand.

Auf dieser Konzeption von Raum und Zeit baute Newton, der keine Hypothesen machen wollte, seine Physik auf. Erst Einstein ist es fast zweieinhalb Jahrhunderte später aufgefallen, daß diese Vorstellungen von Raum und Zeit unhaltbare Hypothesen sind.

Der Inhalt der Newtonschen Physik besteht in den drei Newtonschen Axiomen der Mechanik:

1. Trägheitsgesetz: Jeder kräftefreie Körper verharrt im Zustand seiner Ruhe oder seiner gleichförmigen Bewegung. (Über die physikalische Urheberschaft Galileis an der Formulierung dieses Gesetzes haben wir bereits lange Ausführungen gemacht.)

2. Bewegungsgesetz: Die Bewegung eines Körpers erfolgt nach dem Gesetz

$$\frac{d\mathbf{p}}{dt} = m_T\mathbf{b} = \mathbf{K},$$

wobei $\mathbf{p} = m_T \frac{d\mathbf{r}}{dt}$ ist

($\mathbf{p}$ Impuls, $\mathbf{r}$ Ortsvektor, $\frac{d\mathbf{r}}{dt}$ Geschwindigkeit,

$\mathbf{b} = \frac{d^2\mathbf{r}}{dt^2}$ Beschleunigung,

m_T träge Masse, $\mathbf{K}$ Kraft).

3. Actio-Reactio-Gesetz: Jede Wirkung ruft eine gleichgroße Gegenwirkung hervor.

Dazu kommt noch das Newtonsche Gravitationsgesetz:

$$\mathbf{G} = \gamma \frac{m_S M_S}{r^3} \mathbf{r}$$

($\mathbf{G}$ Gravitationskraft; γ Newtonsche Gravitationskonstante; m_S, M_S schwere Massen; $\mathbf{r}$ Ortsvektor, r Betrag von $\mathbf{r}$), das die Gravitationskraft zwischen anziehenden schweren Massen beschreibt.
Betrachten wir einen Körper mit der trägen Masse m_T und der schweren Masse m_S, auf den nur eine von einer schweren Masse M_S ausgehende Gravitationskraft wirkt, für den also $\mathbf{K} = \mathbf{G}$ ist, so bekommt die Bewegungsgleichung die Gestalt

$$m_T\mathbf{b} = \gamma \frac{m_S M_S}{r^3} \mathbf{r}$$

oder

$$\mathbf{b} = \gamma \frac{m_S}{m_T} \frac{M_S}{r^3} \mathbf{r}.$$

Wenden wir auf diese Gleichung die insbesondere von Galilei herausgestellte Erkenntnis an, daß die Beschleunigung eines fallenden Körpers unabhängig von der Masse des Körpers ist, so muß

$$\frac{m_S}{m_T} = \text{Naturkonstante}$$

sein, denn in **b** darf keine für einen speziellen Körper maßgebliche Größe eingehen. Durch Einbeziehung dieser Naturkonstanten in die Newtonsche Gravitationskonstante läßt sich ohne Beschränkung der Allgemeinheit

$$m_S = m_T$$

festlegen. Damit haben wir die fundamentale Erkenntnis von der Gleichheit der trägen und schweren Masse hergeleitet.

Bereits in der Newtonschen Physik wurden die Physiker auf zwei grundsätzlich verschiedene Arten von Bezugssystemen aufmerksam, wobei unter einem Bezugssystem eine Gesamtheit materieller Gegenstände verstanden werden soll, auf die die Physiker ihre Messungen beziehen:

1. Inertialsysteme, die sich gegenüber dem Fixsternhimmel in Ruhe oder gleichförmiger Bewegung befinden, und
2. Nichtinertialsysteme, die sich gegenüber dem Fixsternhimmel in beschleunigter Bewegung befinden (z. B. ein rotierendes Karussell).

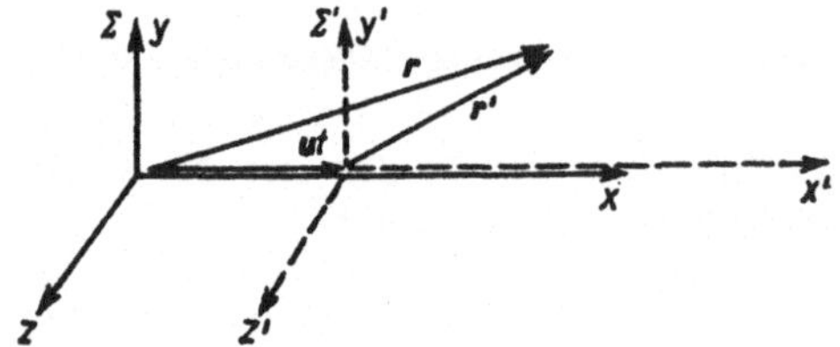

8 Zwei gegeneinander bewegte Inertialsysteme

Wir betrachten nun zwei mit der notwendig konstanten Geschwindigkeit **u** gegeneinander bewegte Inertialsysteme Σ und Σ':

Die Orts- und Zeitkoordinaten beider Inertialsysteme sind durch die zu Ehren der Galileischen Erkenntnisse über die Relativität nach Galilei benannte

Galilei-Transformation

$$\mathbf{r}' = \mathbf{r} - \mathbf{u}t,$$
$$t' = t$$

miteinander verbunden (Abb. 8). Gemäß der Newtonschen Konzeption einer absoluten Zeit ist die Zeit in beiden Bezugssystemen dieselbe.

Für den theoretischen Physiker ist nun die Frage interessant, ob das Newtonsche Bewegungsgesetz als grundlegendes Naturgesetz seine Form beibehält oder ändert, wenn von einem Inertialsystem zu einem anderen durch eine Galilei-Transformation übergegangen wird. Durch Differentiation finden wir aus den letzten Gleichungen

$$\frac{d\mathbf{r}'}{dt'} = \frac{d\mathbf{r}}{dt} - \mathbf{u}, \quad \frac{d^2\mathbf{r}'}{dt'^2} = \frac{d^2\mathbf{r}}{dt^2}.$$

Also bekommen wir aus dem Bewegungsgesetz

$$m_T \frac{d^2\mathbf{r}}{dt^2} = \mathbf{K} \text{ im Inertialsystem } \Sigma$$

das Bewegungsgesetz

$$m_T \frac{d^2\mathbf{r}'}{dt'^2} = \mathbf{K} \text{ im Inertialsystem } \Sigma'.$$

Wir stellen somit fest, daß das Newtonsche Bewegungsgesetz gegenüber Galilei-Transformationen forminvariant (kovariant) ist. Dieser Tatbestand ist festgehalten in dem ebenfalls Galilei zu Ehren benannten Galileischen Relativitätsprinzip:

Das Newtonsche Bewegungsgesetz besitzt in zwei gegeneinander bewegten Inertialsystemen, die durch eine Galilei-Transformation miteinander verbunden sind, dieselbe Form.

Damit ist kein Inertialsystem vor einem anderen ausgezeichnet. Eine Relativgeschwindigkeit gegenüber einem hervorgehobenen, als absolut ruhend gegenüber dem Raum an sich anzusehenden Inertialsystem tritt in der Bewegungsgleichung nicht auf.

Das sind die entscheidendsten Gesichtspunkte der Newtonschen Physik, die mehr als zwei Jahrhunderte sowohl in irdischen als auch kosmischen Bereichen ihre großen Triumphe feierte.

Gegen Ende des 19. Jahrhunderts war die Experimentiertechnik auf dem Gebiet der elektromagnetischen Erscheinungen, insbesondere der Optik, so weit fortgeschritten, daß sich die Physiker durch den berühmten Michelson-Versuch und Überlegungen zum Licht von Doppelsternen, woraus unausweichlich auf die Konstanz der Lichtgeschwindigkeit geschlossen werden mußte, vor die folgende merkwürdige Situation gestellt sahen: Die Maxwell-Gleichungen als Grundgleichungen aller elektromagnetischen Erscheinungen erwiesen sich nicht als forminvariant gegenüber Galilei-Transformationen, im Unterschied zur Newtonschen Bewegungsgleichung der Mechanik, was wir oben bestätigen konnten.

Das Resultat der Bemühungen, diesen Widerspruch zwischen Mechanik und Elektromagnetik zu lösen, war die Schaffung der Speziellen Relativitätstheorie im Jahre 1905 durch Albert Einstein, dem als Vorläufer Voigt, Lorentz, Poincaré, Hasenöhrl u. a. vorangingen, die sich aber meist nicht von der damals herrschenden Ätherauffassung lösen konnten.

Es ist das bleibende Verdienst des Genies Einstein, aus einer tiefgründigen philosophischen Einsicht heraus das Prinzip der Einheit der Physik an die Spitze gestellt und die Aussöhnung der Mechanik mit der Elektromagnetik erzwungen zu haben. Er verallgemeinerte konsequent das Galileische Relativitätsprinzip zum Einsteinschen Speziellen Relativitätsprinzip:

Die Naturgesetze besitzen in zwei gegeneinander bewegten Inertialsystemen dieselbe Form.

Vergleichen wir dieses mit dem Galileischen Relativitätsprinzip, so erkennen wir, daß der entscheidende Unterschied darin besteht, daß das Galileische Relativitätsprinzip nur die Mechanik, das Einsteinsche aber die gesamte Physik (außer Gravitation) umschließt.

Es fragt sich nun, welche erkenntnistheoretischen Voraussetzungen Einstein schaffen mußte, um sein Relativitätsprinzip widerspruchsfrei durchführen zu können. Davon wollen wir nun hören.

Einstein unterwarf die Newtonsche Konzeption des absoluten Raumes und der absoluten Zeit einer tiefgründigen Kritik und kam zu der Erkenntnis, daß der Raum und die Zeit für sich nur relative Kategorien sind und daß vielmehr das 4dimensionale Raum-Zeit-Kontinuum als die eigentliche Grundlage physikalischer Forschung anzusehen ist. Damit war der Schritt vom 3dimensionalen zum 4dimensionalen Denken vollzogen. Die Raum-Zeit wurde zu einem passiven Rahmen, in dem das physikalische Geschehen abläuft. Die Geometrie der Raum-Zeit wurde dabei als euklidisch, also ungekrümmt, postuliert, d. h., die Raum-Zeit wurde als maximal strukturlos und unendlich ausgedehnt betrachtet. Insofern war der entscheidende neue Gesichtspunkt gegenüber dem Newtonschen Raum der Übergang von der Dreidimensionalität zur Vierdimensionalität. Während die Newtonsche absolute Zeit für die gesamte Welt als Standard fungierte, was in den physikalischen Gleichungen dadurch zum Ausdruck kam, daß die Zeit eine Parameterrolle spielte, wurde durch die Einsteinsche Relativierung der Zeit und deren Synthese mit dem Raum eine Gleichstellung von Raum und Zeit erreicht. Beide Begriffe sollten in Zukunft symmetrisch in die Naturgesetze eingehen.

Die mathematische Fassung dieses grundlegenden Gedankens mußte darin zum Ausdruck kommen, daß jedem Bezugssystem seine eigene relative Zeit zuzuordnen war. Und damit war der Schlüssel zur Lösung des durch den Michelson-Versuch heraufbeschworenen Widerspruchs gefunden.

In seiner berühmten Arbeit „Zur Elektrodynamik bewegter Körper" aus dem Jahre 1905 ist es nun Einstein gelungen, die von ihm nach Lorentz benannten sogenannten Lorentz-Transformationen:

$$x' = \frac{x - ut}{\sqrt{1 - \frac{u^2}{c^2}}}, \quad y' = y, \quad z' = z, \quad t' = \frac{t - \frac{ux}{c^2}}{\sqrt{1 - \frac{u^2}{c^2}}}$$

zu finden, die den Übergang von einem Inertialsystem zu einem anderen beschreiben.

Für kleine Relativgeschwindigkeiten von Inertialsystemen ist

$$\left(\frac{u}{c}\right)^2 \ll 1,$$

so daß aus den Lorentz-Transformationen die Gleichungen

$$x' = x - ut, \quad y' = y, \quad z' = z, \quad t' = t$$

hervorgehen. Das sind aber gerade die in Komponenten geschriebenen Galilei-Transformationen. Damit war für Einstein die notwendige Kontinuität zur Newtonschen Physik, die sich im Falle großer Geschwindigkeiten und großer Energien als grobes Zerrbild der Wirklichkeit entpuppte, gesichert. Diese Skizze zur Speziellen Relativitätstheorie soll uns zu einigen Hauptgedanken der Allgemeinen Relativitätstheorie hinüberleiten [C 12].

Das Einsteinsche Spezielle Relativitätsprinzip ist ähnlich dem Galileischen Relativitätsprinzip an die Benutzung von Inertialsystemen, d. h. an gleichförmige Bewegungszustände der Bezugssysteme geknüpft. Etwa zehn Jahre arbeitete Einstein daran, diese Schranken zu überwinden. In der Tat glückte ihm im Jahre 1915 die Entwicklung seiner Allgemeinen Relativitätstheorie, die für beliebige Bewegungsformen der Bezugssysteme gilt. Ihre Quintessenz ist formuliert in dem Einsteinschen Allgemeinen Relativitätsprinzip:

Die Naturgesetze besitzen in beliebigen Bezugssystemen dieselbe Form.

Damit hat sich Einstein von dem Begriff des Inertialsystems gelöst.
Das mathematische Werkzeug, das die Konkretisierung dieser umfassenden Erkenntnis gestattet, ist der Tensor- und Spinorkalkül.
Die Anwendung des Allgemeinen Relativitätsprinzips auf die Mechanik und die Elektromagnetik brachte für Einstein keine besonderen Überraschungen. Dagegen führte die Verallgemeinerung der Newtonschen Gravitationstheorie zur Entdeckung völlig neuer Erkenntnisse über die Struktur von Raum und Zeit.
Einstein fand durch induktive Schlüsse heraus, daß die Raum-Zeit in Wirklichkeit nicht euklidisch, also ungekrümmt, sein kann, sondern eine Krümmung aufweisen muß, die auf der Riemannschen Geometrie fundiert sein sollte. Er ging davon aus, daß die passive Rolle der Raum-Zeit in der Speziellen Relativitätstheorie nicht das volle Wesen der Raum-Zeit als Attribut der Materie zum Ausdruck bringen könne, sondern daß die Struktur der Raum-Zeit selbst ein Ergebnis des Bewegungszustandes der Materie sein müsse, während umgekehrt der Bewegungszustand der Materie durch die Struktur der Raum-Zeit bedingt sein müsse. Dieses

Wechselverhältnis konnte er in seiner berühmten Feldgleichung der Gravitation mathematisch fassen.

Für den schwach gekrümmten Raum unserer irdischen Umgebung geht die Einsteinsche Feldgleichung in die oben angegebene Newtonsche Feldgleichung der Gravitation über. Dadurch ist auch auf diesem Sektor die Kontinuität der physikalischen Entwicklung gewährleistet.

Die Relativitätstheorie ist die Grundlage für alle physikalischen Disziplinen, denn ihren Grundpostulaten müssen alle in der Endkonsequenz genügen. Auch die Quantentheorie hat erst ihre größten Triumphe feiern können, als es Dirac gelungen war, sie relativistisch zu formulieren.

Ein besonderes Anwendungsgebiet der Einsteinschen Theorie ist die relativistische Kosmologie geworden, die uns Aussagen über die Struktur des Weltalls als Ganzes gestattet.

Überblicken wir heute das Gesamtgebiet der Physik, so sehen wir, daß eine mit vielen Edelsteinen geschmückte Ideenkette das Mittelalter mit unserer Gegenwart verbindet. Die Wissenschaft ist dank der Genien von Galilei, Newton, Einstein und vieler anderer zu einem reichen, der Menschheit förderlichen Kulturwerk geworden.

Chronologie

1564 Geburt am 15. Februar in Pisa.
1579 Im Kloster Santa Maria di Vallombrosa.
1581 Immatrikulation in Pisa am 5. September.
1583 Bewußte Beobachtung der Pendelbewegungen.
Kontakt mit der Geometrie.
1585 Rückkehr ins Elternhaus (inzwischen in Florenz).
1586 Konstruktion einer hydrostatischen Waage.
Schrift über den Schwerpunkt fester Körper.
1587 Erste Reise nach Rom.
1589 Berufung als Dozent in Pisa.
1590/91 Schrift über die Bewegung.
1591 Tod seines Vaters Vincenzio Galilei.
1592 Berufung als Professor in Padua.
1593 Schrift über die Mechanik.
Schrift über die Befestigungen.
1597 Konstruktion des Proportionszirkels.
Traktat über die Himmelskugel oder Kosmographie.
Bekenntnis zum Copernicanismus in einem Brief an Kepler.
1599 Beginn des Zusammenlebens mit Marina Gamba.
1600 Geburt seiner ersten Tochter Virginia.
1601 Geburt seiner zweiten Tochter Livia.
1604 Erprobung einer Maschine zum Heben von Wasser.
1606 Konstruktion eines Thermometers.
Geburt seines Sohnes Vincenzio.
1609 Studium der Fall- und Wurfgesetze.
Nachkonstruktion des Fernrohrs.
1610 Entdeckung der Jupitermonde.
Erscheinen der „Sternenbotschaft“.
Entdeckung der Saturnringe.
Beobachtung der Sonnenflecken.
Entdeckung der Mondgebirge.
Auflösung der Milchstraße in Fixsterne.
Hofmathematiker und Hofphilosoph in Florenz.
Entdeckung der Phasen der Venus.
1611 Zweite Reise nach Rom.
Mitglied der Accademia dei Lincei.
Bekanntschaft mit Kardinal Barberini (später Papst Urban VIII.).
Kardinal Bellarmin holt beim Collegium Romanum Informationen über Galileis Entdeckungen ein.
1612 Schrift über die Körper in Wasser.
Angebot der Galileischen Methode der Bestimmung der Längen-

grade an die spanische Regierung.
Pater Lorini predigt gegen Galilei.
1613 Schrift über die Sonnenflecken.
1614 Galileis Töchter gehen ins Kloster.
Pater Caccini greift Galilei von der Kanzel aus an.
1615 Schrift Pater Foscarinis.
Galileis Brief an die Großherzogin von Lothringen.
Anzeige Galileis bei der Inquisition durch Pater Lorini.
Dritte Reise nach Rom.
1616 Lehre von den Gezeiten.
Briefe Galileis zur Verteidigung des Copernicanismus.
Gutachten der elf Qualifikatoren des Heiligen Offiziums.
Ermahnung durch die Inquisition.
Leumundszeugnis von Kardinal Bellarmin für Galilei.
Dekret über das Verbot der copernicanischen Lehre.
Abreise Galileis aus Rom im Juni.
1618 Galileis Wallfahrt nach Loreto.
Pater Grassis Schrift über die Kometen.
1619 Vincenzio Galilei wird als Sohn legitimiert.
1620 Tod seiner Mutter Giulia Ammannati di Pescia.
1621 Konsul der Florentiner Akademie.
1623 Schrift „Goldwäger".
Kardinal Barberini wird Papst Urban VIII.
1624 Vierte Reise nach Rom.
1628 Schwere Erkrankung.
Sitz im Rat der Zweihundert und damit Florentiner Bürgerrecht.
1630 Gewährung einer Pension auf eine Domherrenpfründe der Kathedrale von Pisa durch Urban VIII.
Fünfte Reise nach Rom zur Erwirkung der Druckgenehmigung für seinen „Dialogo".
1632 Druck des „Dialogo" in Florenz.
Augenkrankheit Galileis.
Befehl des Papstes zum Erscheinen vor der Inquisition in Rom trotz lebensgefährlicher Erkrankung.
1633 Sechste Reise nach Rom im Januar/Februar.
Prozeß in den folgenden Monaten.
Abschwörung am 22. Juni.
Aufenthalt in Siena.
Ab Dezember Internierung in Arcetri.
1634 Tod seiner Tochter Virginia (Schwester Maria Celeste).
1635 „Dialogo" erscheint im Ausland.
Geheimverhandlungen wegen einer Berufung nach Amsterdam.
Gemälde von Justus Sustermans.
1636 Generalstaaten von Holland interessieren sich für Galileis Methode zur Bestimmung der Längengrade.
1637 Völlige Erblindung des rechten Auges.
1638 Beiderseitige Erblindung.
„Discorsi" erscheinen in Leiden.

1639 Vincenzo Viviani bei Galilei.
1641 Evangelista Torricelli bei Galilei.
1642 Tod am 8. Januar.
Beisetzung in der Turmkapelle von Santa Croce.
1737 Überführung in das von Viviani gestiftete Mausoleum in Santa Croce.
1835 Streichung des „Dialogo" vom Index.
1979 Rehabilitierung Galileis durch Papst Johannes Paul II.

Literatur

A. Galileis gesammelte Werke

Galileo Galilei: Le Opere, Edizione nazionale (Herausgeber Antonio Favaro), Bd. 1 bis 20, Firenze 1890 bis 1909.
Neuausgabe: Firenze 1929 bis 1932.

Einige Bände, ihrem Hauptinhalt nach charakterisiert:

[A1] Bd. 1: De Motu (Über die Bewegung), um 1590.
[A2] Bd. 2: Le Meccaniche (Die Mechanik), um 1593.
[A3] Bd. 3: Sidereus Nuncius (Sternenbotschaft), Venetiis 1610.
[A4] Bd. 4: Discorso intorno alle cose, che stanno in sù l'aqua (Unterredung über Körper in Wasser), Fiorenza 1612.
[A5] Bd. 5: Istoria e dimostrazione intorno alle macchie solari (Historie und Demonstration der Sonnenflecken), Roma 1613.
[A6] Bd. 6: Saggiatore (Goldwäger), Roma 1623.
[A7] Bd. 7: Dialogo sopra i due massimi sistemi del mondo tolemaico e copernicano (Dialog über die beiden hauptsächlichsten Weltsysteme, das ptolemäische und das copernicanische), Fiorenza 1632; deutsche Übersetzung und Erläuterung von Emil Strauß, B. G. Teubner, Leipzig 1891.
[A8] Bd. 8: Discorsi e dimostrazione matematiche intorno à due nuove scienze attenenti alla mecanica ed i movimenti locali (Unterredungen und mathematische Demonstrationen über zwei neue Wissenszweige, die Mechanik und die Fallgesetze betreffend), Leida 1638; deutsche Übersetzung und Herausgabe von Arthur von Oettingen, Ostwalds Klassiker der exakten Wissenschaften, Nr. 11, 24, 25, Engelmann-Verlag, Leipzig 1890 bis 1891.

B. Einige wichtige Biographien und Quellen über Galileo Galilei

[B1] V. Viviani: Racconto istorico della vita di Galileo Galilei (geschrieben 1654); deutsche Übersetzung in Acta philosophorum, Bd. 3, S. 261, 400, 467, 759, 803, Halle 1723 bis 1726, unter dem Titel: Lebensbeschreibung Galilaei Galilaei, Auszüge daraus mit Korrektur und Erläuterung von F. Klemm in [B 6].
[B2] E. Wohlwill: Galilei und sein Kampf für die copernicanische Lehre. 2 Bände. Hamburg 1909 und Leipzig 1926.

[B3] R. Lämmel: Galilei im Licht des 20. Jahrhunderts. Berlin 1927.
[B4] L. Olschki: Galilei und seine Zeit (Geschichte der neusprachlichen Literatur). Halle 1927.
[B5] H.-C. Freiesleben: Galileo Galilei (Große Naturforscher Bd. 20). Stuttgart 1956.
[B6] Beiträge von H. Dolch, J. O. Fleckenstein, H.-C. Freiesleben, F. Klemm, F. Rauhut, H. Schimank: Sonne steh still/400 Jahre Galileo Galilei. Herausgeber E. Brüche. Mosbach 1964.
[B7] Beiträge von G. Harig, H. Lambrecht, W. Schütz, E. Schmutzer: Galileo Galilei, Jenaer Reden und Schriften, Friedrich-Schiller-Universität, Jena 1964 (Akadem. Festveranstaltung zum 400. Geburtstag).
W. Schütz: Jenaer Rundschau 6 (1964) S. 267.
[B8] W. Gerlach: Bemerkungen zum „Fall Galilei". Internationale Dialog-Zeitschrift 3 (1970) S. 6—22.
[B9] Wetzer und Welte's Kirchenlexikon (kathol.). 2. Aufl. Bd. 5. Freiburg (Breisgau) 1888.
[B10] F. Dessauer: Der Fall Galilei und wir. 4. Aufl. Frankfurt/Main 1957.
[B11] K. v. Gebler: Galileo Galilei und die römische Curie. Stuttgart 1876/77.
[B12] F. H. Reusch: Der Prozeß Galileis und die Jesuiten. Bonn 1879.
[B13] R. Caspar: Galileo Galilei. Stuttgart 1854.
[B14] L. Stahl: Galilei und das Universum. Leipzig 1908.
[B15] A. Wenzel: Galilei. Berlin 1927.
[B16] J. Hemleben: Galilei. Reinbek bei Hamburg 1969.
[B17] E. Schumacher: Der Fall Galilei (Das Drama der Wissenschaft). Berlin 1964.

C. Weiterführende philosophische, historische und naturwissenschaftliche Literatur

[C1] A. Maier: Zwischen Philosophie und Mechanik. Studien zur Naturphilosophie der Spätscholastik. Rom 1958 (Edizione di Storia a Letteratura).
[C2] F. Engels: Dialektik der Natur. Berlin 1952. MEW Bd. 2. S. 312.
[C3] E. J. Dijksterhus: Die Mechanisierung des Weltbildes. Berlin/Göttingen/Heidelberg 1956 (Übersetzung aus dem Niederländischen).
[C4] M. v. Laue: Zum 300. Geburtstag des ersten Lehrbuches der Physik. Die Naturwissenschaften 26 (1938) S. 129—136 (bezogen auf „Discorsi").
[C5] B. G. Kuznecov: Von Galilei bis Einstein. Berlin 1970 (Übersetzung aus dem Russischen).
[C6] G. Harig: Die Tat des Kopernikus. Leipzig/Jena/Berlin 1962.
[C7] J. Dobrzycki/M. Biskup: Nicolaus Copernicus. Gelehrter und Staatsbürger. Leipzig 1973.
[C8] H. Wußing: Nicolaus Copernicus. Leipzig/Jena/Berlin 1973.
[C9] F. Herneck: Albert Einstein. Leipzig 1974.
[C10] J. Hoppe: Johannes Kepler. Leipzig 1975.
[C11] E. Schönebeck: Warum hat Galilei widerrufen? Glaube und Gewissen 2 (1963) S. 173.
[C12] E. Schmutzer: Relativitätstheorie aktuell — ein Beitrag zur Einheit der Physik. Leipzig 1979.

Personenregister

Lieferbar in dieser Reihe:

Band	Autor und Titel	Preis	Bestell-Nr.
5	Schütz: M. Faraday	4,35	665 165 0
10	Dobrzycki/Biskup: N. Copernicus	5,00	665 661 1
15	Wußing: C. F. Gauß	4,70	665 700 8
17	Hoppe: J. Kepler	4,70	665 586 2
20	Kuczera: H. Hertz	4,50	666 379 0
29	Wołczek: M. Skłodowska-Curie	6,50	665 833 4
31	Kaiser: J. A. Segner	4,50	665 840 6
34	Halameisär/Seibt: N. I. Lobatschewski	4,60	665 870 5
38	Voigt/Sucker: J. W. v. Goethe als Naturwissenschaftler	5,30	665 853 7
43	Kosmodemjanski: K. E. Ziolkowski	10,50	665 930 2
45	Ilgauds: N. Wiener	4,80	665 983 9
46	Körber: A. Wegener	4,80	665 991 9
49	Goetz: G. Chr. Lichtenberg	6,80	665 986 3
50	Tobies: F. Klein	6,80	666 026 6
55	Krüger: W. I. Wernadskij	6,80	666 033 8
56	Thiele: L. Euler	9,60	666 045 0
57	Herrmann: K. F. Zöllner	4,80	666 086 4
62	Dunsch: H. Davy	4,80	666 111 1
65	Ullmann: E. F. F. Chladni	4,80	666 143 7
66	Hoffmann: E. Schrödinger	4,80	666 080 5
67	Hamel: F. W. Bessel	4,80	666 197 1
75	Guntau: A. G. Werner	6,80	666 196 3
77	Grabow: S. Stevin	6,80	666 250 1
80	Kuczera: G. Hertz	4,80	666 258 7
87	Schreiber: Euklid	7,50	666 375 8
89	Hamel: F. W. Herschel	6,80	666 464 6